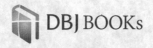

日本政策投資銀行 Business Research

持続可能な水道経営を考える

課題解決に向けた海外事例からの処方箋

［監修］
高澤利康

［編著］
日本政策投資銀行
日本経済研究所

発行:ダイヤモンド・ビジネス企画　発売:ダイヤモンド社

DBI BOOKS

日本政策投資銀行 Business Research

持続可能な
水道経営を
考える

環境変化に向けた
海外事例からの処方箋

[編著]
高橋利聡

日本政策投資銀行
日本経済研究所

はじめに

　我が国では、高度成長期における大規模な社会インフラ整備から40年以上が経過し、老朽化への早急な対応が課題であるとともに、人口が減少に転じ始めている中での適切な更新等の必要性も急速に高まっている。

　インフラの老朽化については、2014年の「国土交通白書」において"これからの社会インフラの維持管理・更新に向けて"とのテーマが掲げられ、我が国における社会インフラを取り巻く環境変化や維持管理上の課題が大きく注目された。また、数度の震災の経験から、より強固かつ安全なインフラ整備の必要性が重視されるなど、防災・減災といった国土強靱化の面からもインフラの更新が重要であるという認識がもたれるようになった。

　また、新規のインフラ整備が中心であった人口が増加する局面においては課題が顕在化してこなかったが、今後は老朽化への対応に加え、人口減少社会に合わせた適切な更新という、今までにない新たなステージに入ってきていることを強く認識する必要があろう。人口減少に転じた現在、老朽化への対応においては、財源の確保だけでなく、更新工事やメンテナンスに携わる行政担当者や技術者の不足といった課題も業界全体において顕在化してきている。また、地方では過疎化や限界集落の増加により、効率的な生活インフラ維持が望めない事例も出てきている。老朽化したインフラを単に同じスペックで更新するのではなく、さらにその先の社会をも見据えた長期的な視点、サスティナビリティを意識した社会システムへの変換も踏まえた取り組みが必要であろう。

　こうした中、財政基盤が脆弱な地方公共団体においては民間資金の活用、そして民間のビジネス目線によるさらなる効率化への進展などを期待するとともに、このような人手不足への早急な対応、人口減少による都市の在り方の変容への対応の一つとして、官民連携が必要であるという考え方が公共事業においては浸透しつつある。今までは、単純に人手不足を補うための単純業務の民間委託が主流であったものが、急速に進む技術革新の取り込みや、多様化する利用者ニーズへ

の対応も必要になる中、PFI (Private Finance Initiative) のみならず、様々な形での新たな官民連携「PPP (Public Private Partnership)」の仕組みが公共事業の様々な分野で試行されつつある。

　本書では、我が国の社会インフラのうち、市民の生活に直結する上下水道を取り上げ、海外上下水道事業における官民連携の特徴的な取り組みを参考に、直面している課題への解決策のヒントを拾い上げた。その前段として、第1章では、危機的な状況について共通認識をもつために、我が国における上下水道事業の現状や課題をいま一度整理している。

　第2章では、英国、フランス、アメリカ、オーストラリア、韓国の5つの国の上下水道事業の現状や課題を取り上げ、その対応としての具体的な取り組みを紹介している。海外の事例を取り上げた背景は、我が国の上下水道事業は、高度経済成長期以降に国の強いリーダーシップのもと急速な整備と地方公共団体による運営を進めてきたものの、人口減少と大量の更新投資の必要性といった今までとは異なるフェーズに入っているため、同様の段階を経た上で新たな取り組みを進めている複数の事例が海外の上下水道で見られたことにある。上下水道事業が迎えている転換期、さらにその先のステージでの対応を検討する上で参考となる手法や取り組みを海外事例から見出せるものとした。具体的には、広域化の取り組み、KPI (Key Performance Indicator) を用いたパフォーマンス評価の導入、官民でのパートナーシップを重視したアライアンス契約、中央政府主導による集中的な投資などである。今回取り上げた各国での上下水道事業における課題は様々であるものの、設備の新設あるいは既設の更新投資における課題はいずれの国においても見られ、また、それらは各国のPPP制度や考え方に沿っていることから、我が国におけるPPP/PFIの推進の動きとも相まって、大いに参考となろう。

　その上で、第3章では、官民連携におけるKPI設定と性能発注の重要性、民間事業者のインセンティブ引き出しの工夫、各国で様々な背景と取り組みが見られる広域化、官民間のリスク分担の新たな考え方であるアライアンス方式の効果等、我が国においても参考となるポイントを抽出し、得られる示唆を整理した。当然、そのまま我が国に導入できるものではないが、官民連携の仕組みを新たな

視点で拡げる可能性がある。

　我が国の上下水道事業は、水道法改正による第三者委託の明文化、地方自治法による指定管理者制度の導入、PFI法やコンセッション、また2023年にはウォーターPPPといったように、様々な民間活力の導入手法が継続的に用意されてきている。しかし、上下水道事業は、長く地方自治体が自ら運転・維持管理を行ってきたという歴史があり、加えて公益的な性格が強い点などから、他の公共事業やインフラに比べても官民連携の進捗は遅く、課題解決の糸口が見出せていない。

　第4章では、このような状況を変えるための3つの提言を掲げている。1つめは料金規制を切り口にした第三者機関の必要性、2つめは流域ベースでの広域化の促進、3つめは民間事業者の参入機会の拡大である。それぞれは従来、上下水道事業の課題として指摘されていた点ではあるものの、依然として進まない広域化や、経営目線の重要性への着目、民間事業者も含めたマーケットの創出など、一層の推進力をもって取り組むべき提言としている。

　なお、本書は、事例を交え、具体的な処方箋を紹介することを意識しており、主に地方公共団体の職員や、上下水道やインフラ全般に携わる民間事業者の方々の参考となることを望むものである。

2025年1月

株式会社日本政策投資銀行　取締役常務執行役員　高澤利康

目　次

はじめに ——————————————————— 1

第1章
我が国の上下水道事業における課題 ——— 9

1　我が国の上下水道事業の概況と課題 ——— 10
（1）我が国の上水道事業の概況と課題 ——— 10
（2）我が国の下水道事業の概況と課題 ——— 22

2　我が国の上下水道事業における官民連携の概況 ——— 32
（1）上水道事業における官民連携の概況 ——— 32
（2）下水道事業における官民連携の概況 ——— 38

3　我が国の上下水道事業における
　　官民連携の推進に際しての課題 ——— 42
（1）上下水道事業体の規模に応じた官民連携の導入方針の検討 — 42
（2）官民連携を進める上での課題 ——— 43

第2章
各国における上下水道事業及び
PPP/PFIの活用動向 ——— 49

1　英国における上下水道事業 ——— 50
（1）上下水道事業の概況 ——— 50

（2）PPP/PFI の活用動向 ———————————— 54
　　　（3）Ofwat の概要及び近年の主要な取り組み ———— 62
　2　フランスにおける上下水道事業 ———————————— 68
　　　（1）上下水道事業の概況 ———————————————— 68
　　　（2）PPPの活用動向 —————————————————— 73
　　　（3）フランス上下水道事業における特徴的な取り組み —— 80
　3　アメリカにおける上下水道事業 ———————————— 89
　　　（1）上下水道事業の概況 ———————————————— 89
　　　（2）P3の活用動向 —————————————————— 102
　　　（3）民間企業による実質的な広域化 —————————— 108
　　　（4）実践的広域化に関する考察 ———————————— 123
　4　オーストラリアにおける上下水道事業 ———————— 126
　　　（1）上下水道事業の概況 ——————————————— 126
　　　（2）PPP/PFIの活用動向 ——————————————— 128
　　　（3）アライアンス契約について ———————————— 129
　　　（4）SA Water におけるアライアンス契約の活用について - 135
　5　韓国における上下水道事業 —————————————— 144
　　　（1）上水道事業の概況 ———————————————— 144
　　　（2）下水道事業の概況 ———————————————— 147
　　　（3）民間投資事業（PPP/PFI）について ———————— 149
　　　（4）K-waterについて ———————————————— 160

第3章
海外事例から得られる我が国の上下水道事業の課題解消への視座 ─── 169

1 官民連携における性能発注及び公共発注の柔軟さ ─ 170
（1）フランスにおける業務評価と長期契約 ─────── 170
（2）オーストラリアにおけるアライアンス契約 ───── 173
（3）業務評価と契約の柔軟性 ──────────── 174

2 広域化の効果と必要性 ──────────── 176
（1）英国における広域化 ──────────── 176
（2）フランスにおける広域化 ─────────── 177
（3）韓国における広域化 ──────────── 178
（4）アメリカにおける広域化 ─────────── 179
（5）我が国での官民連携を通じた実質的な広域化について ─ 182

3 インセンティブ引き出しのための様々な取り組み方法 ─────────────── 184
（1）料金規制による英国の取り組み ────────── 184
（2）フランスの上下水道事業のインセンティブとペナルティ 187
（3）インセンティブを引き出すための示唆 ──────── 190

4 上下水道事業の特性やリスクに着目したアライアンス方式の概念の導入 ─────────── 192
（1）我が国の上下水道事業での官民連携事業における
　　リスク分担や特性について ──────────── 192

（2）我が国の上下水道事業のリスクに着目した
　　　　アライアンス契約の導入について ──────── 195

第4章
既存の枠組みを超えて ──────── 199

1　オプション1
料金規制に関する第三者機関の設立 ──────── 201
　　（1）課題背景の整理 ──────── 201
　　（2）国内上下水道における料金設定 ──────── 202
　　（3）事業経営に対する独立的なチェック機関の必要性 ──────── 202
　　（4）第三者機関による国内上下水道事業の経営情報の
　　　　収集・分析・規制 ──────── 203
　　（5）第三者機関が担う役割 ──────── 204
　　（6）第三者機関の体制 ──────── 207

2　オプション2
流域ベースの上下水道一体広域化を促進 ──────── 208
　　（1）上水道事業における広域化の類型等について ──────── 208
　　（2）上水道事業の広域化に係る政策等について ──────── 209
　　（3）下水道事業における広域化・共同化の類型等について ──────── 210
　　（4）下水道事業の広域化・共同化に係る政策等について ──────── 211
　　（5）流域ベースの上下水道一体広域化について ──────── 212

3　オプション3
民間企業の参入機会の拡大 ──────── 219
　　（1）上下水道事業における官民連携の状況 ──────── 219

（2）上下水道事業にすでに参入している民間事業者が
　　抱える課題 —————————————————————— 220
（3）民間企業の参入機会の拡大について ——————— 223

おわりに ———————————————————————————— 228

第1章

我が国の上下水道事業における課題

第1章　我が国の上下水道事業における課題

　本章では、我が国の上下水道事業とその中での官民連携の現状を概観し、問題点を明らかにした上で、上下水道事業における官民連携の推進に向けた課題を整理する。

1　我が国の上下水道事業の概況と課題

　本節では、我が国の上下水道事業に関して、「人的資源」、「物的資源」、「財政的資源」の観点から、その概況と問題点を整理する。
　なお、本書で言う「水道事業」とは、水道法第3条第2項に規定されている「一般の需要に応じて、水道により水を供給する事業」を指し、「下水道事業」とは、下水道法第2条第3号に規定されている「公共下水道」及び同条第4号に規定する「流域下水道」及び同条第5号に規定する「都市下水路」の3種類の下水道を指している。また、上下水道事業とは、「水道事業」と「下水道事業」の総体を指している。

（1）我が国の上水道事業の概況と課題

1）我が国の上水道事業の概況

　我が国で最初の近代水道が1887（明治20）年に横浜で整備されて以来、水道は約140年にわたる歴史の中で生活や経済活動に欠かせない社会資本として定着している。我が国では、1890（明治23）年に公布された水道に関する最初の法律「水道条例」から、水道事業は市町村が行うという公営原則を採用し、行政が責任をもって水道を整備してきた。また、憲法第25条において、すべての国民が文化的な生活を営む権利（生存権）を定めたことから、国民皆水道をめざした施策が進められた。その結果、1957年の水道法制定以降、経済の発展とともに急速に水道施設や管路の整備が進み、水道普及率は、1970年には80％を超え、2023年には98.3％となっている。

　我が国の水道事業は、主に市町村単位で経営されている。1985年度には、上水道事業が1,929事業、簡易水道事業が1,717事業あったが、2022年度時点では、上水道事業が1,313事業（約32％減）、簡易水道事業が468事業（約73％

減）まで減少している。これは、市町村合併や簡易水道事業の上水道事業への統合が実施されたことが要因であると考えられる。

また、「生活衛生等関係行政の機能強化のための関係法律の整備に関する法律」が2023年5月19日に成立し、2024年4月からは水道整備・管理行政が厚生労働省から国土交通省へと移管された。そして、水質基準の策定や水質・衛生に関する事務は環境省に移管された。これにより、官民連携を含む上下水道の共通課題や研究開発に向けた一体的な取り組みが推進されることが期待される。

以降では、我が国の水道事業の概況を「人的資源」、「物的資源」、「財政的資源」という経営の3大資源の観点で整理する。

2）「人的資源」の観点で整理した水道事業の概況

総務省「令和4年地方公共団体定員管理調査結果」によれば、全地方公共団体の2022年4月1日時点での職員数は280万3,664人で、部門別の公営企業等会計部門に所属する人員は34万9,128人である。その中で、水道事業に従事する職員数は4万2,161人（12.1％）である。2000年から2022年の職員数の推移を確認すると、地方公共団体の総職員数が12.5％減ったのに対し、水道事業に従事する職員は36.9％も減っており、他の事業に比べて職員数の減少ペースが速いことが明らかになっている。

また、「令和3年度水道統計」によると、2021年度時点で、上水道・簡易水道・専用水道に従事する職員数は、7万2,507人である。1990年度と比較して、職員数は、32.9％減少している。職種別に見ると、事務職員は34.6％、技術職員は20.1％、検針職員は94.8％、集金職員は92.7％、技能職員・その他は77.8％減少している。検針職員や集金職員、技能職員が大きく減少しており、これは検針や集金に関する業務の民間委託が進んだためと考えられる。また、現在給水人口区分別1事業当たりの平均職員数は、給水人口が3万人未満の小規模事業体では1事業当たりの平均職員数が10人以下となっており、緊急時の対応等を鑑みれば、十分な職員体制が構築されているとは言い難い状況である。

職員の総数が変化している点に注意が必要だが、図表1-1を見ると、2016年から2020年にかけて水道事業に関わる職員の平均年齢が高まっていることがわかる。2020年時点で、45歳以上の職員の割合は55％に達し、経験年数の長い

職員が増えていることが明らかになっている。

　これらから、水道事業においては、職員の減少が進んでいるとともに職員が高齢化していることがわかる。

図表1-1　職員の平均年齢の推移

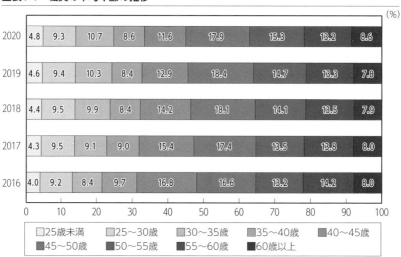

出典：公益社団法人日本水道協会「水道統計」から筆者作成

3）「物的資源」の観点で整理した水道事業の概況

　水道事業に係る物的資源としては、水道資産の大半を占める管路と浄水場や配水池等の施設が挙げられる。以降では、それらの老朽化具合や更新状況等について述べる。

①管路の老朽化について

　「令和3年度水道統計」によれば、2021年度末時点での上水道事業と水道用水供給事業の管路の総延長は74万2,743kmに達している。

　法定耐用年数（40年）を超えた管（導・送・配水管）は年々増加しており、2021年度には、16万4,084kmとなっている（図表1-2参照）。管路経年化率は、

第1章 我が国の上下水道事業における課題

2006年度は6.0％だったが、その後増加の一途をたどり、2021年度には、22.1％になっている。

一方で、管路更新率（更新された管路延長÷管路総延長×100）は、2001年度は1.54％だったが、2021年度には0.64％にとどまり、管路更新率は年々低下傾向にある。このような状況から、高度経済成長期に整備された管路の更新が遅れているため、年間2万件を超える漏水や破損事故が発生している状況にある。

図表1-2 管路総延長と法定耐用年数を超えた管（導・送・配水管）の推移

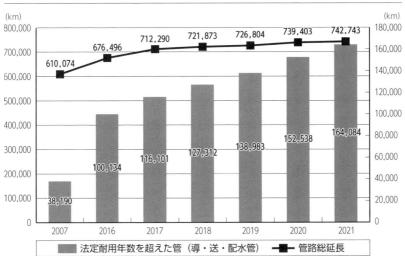

出典：公益社団法人日本水道協会「水道統計」から筆者作成

②管路や施設の耐震化について

水道は、市民生活や社会経済活動に欠かせない重要なライフラインであり、地震などの自然災害が発生した際にも、主要な水道施設の安全性を確保し、重要施設への給水を保証し、さらに被災した場合には迅速に復旧できる体制を整えることが求められる。水道管路や各種施設が耐震化されていない場合、災害時の断水が長期化する恐れがある。

厚生労働省は、施設更新の際に水道施設を耐震性のあるものに更新するため、

「水道施設の技術的基準を定める省令」の一部を改正（平成20年10月1日施行）し、既存施設に対してはその重要度や優先度を考慮しながら計画的に耐震化を進めるよう各水道事業者に助言・指導を行っている。

水道施設（基幹管路、浄水施設、配水池）の耐震化率については基幹管路（導水管や送水管等）の耐震適合率（耐震適合性のある基幹管路の延長÷基幹管路の総延長）は、図表1-3の通り、2008年度に28.1％だったが、2022年度には全国平均で42.3％まで上昇しており、耐震適合性のある基幹管路の延長は、4万8,797kmとなっている。

図表1-3　基幹管路の耐震適合率と耐震適合性のある管の延長

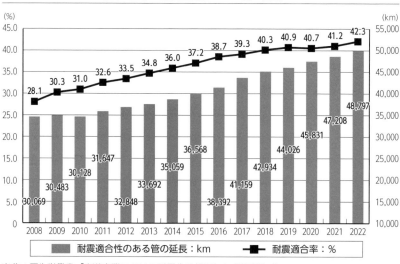

出典：厚生労働省「水道事業における耐震化の状況」から筆者作成

浄水施設の耐震化率（耐震対策の施されている浄水施設能力÷全浄水施設能力）は、図表1-4の通り、2022年度に43.4％、耐震化浄水施設能力は、2万9,572千㎥/日に達している。着水井から浄水池までの処理系統をすべて耐震化するためには、施設の停止が避けられず、改修作業が困難な場合が多い。そのため、配水池の耐震化と比較して、浄水施設の耐震化が遅れている状況にある。

図表1-4　浄水施設の耐震化率と耐震化浄水施設能力の推移

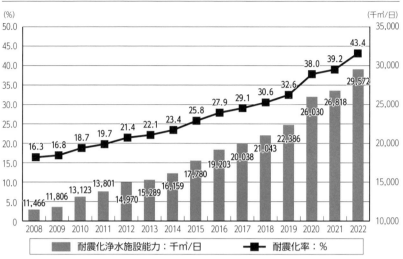

出典：厚生労働省「水道事業における耐震化の状況」から筆者作成

　配水池の耐震化率（耐震対策の施されている有効容量÷全有効容量）は、図表1-5の通り、2022年度に63.5％、耐震化有効容量は、2万6,121千㎥となっている。浄水施設に比べ耐震化が進んでいるのは、構造上、個々の配水池ごとに改修が行いやすいためと考えられる。

図表1-5 配水池の耐震化率と耐震化有効容量の推移

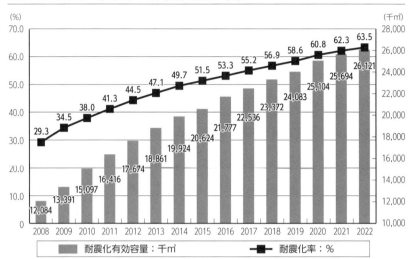

出典:厚生労働省「水道事業における耐震化の状況」から筆者作成

③水道施設の計画的な更新について

　水道法第22条の4にて、水道事業者等は、長期的な観点から水道施設の計画的な更新に努めなければならないこととし、そのために水道施設の更新に要する費用を含む収支の見通しを作成し公表するように努めなければならないと規定されている。

　水道施設の計画的な更新に努めている水道事業者等は、全体の約88%（2021年度末時点）となっている。しかし、給水人口が0.5万人未満の水道事業者では、計画的な更新を行っているところは約4割に過ぎず、小規模な事業者ほど更新の取り組みが遅れている状況だ。2021年度の末端給水と用水供給の建設改良費は、約1.3兆円であり、2011年以降、一貫して増加傾向となっている。

　図表1-6の通り、厚生労働省は、2011年度から2020年度までの10年間での更新費を含む投資額の平均を約1兆3,000億円と見積もっている。2021年度から2050年度にかけての単純更新を行った場合の更新費は、平均で1兆8,000億円と試算しており、年間約5,000億円の増額が発生することになる。

第1章 我が国の上下水道事業における課題

適切な資産管理を進めるためには、以降で述べる水道施設台帳等の整備やその電子化、アセットマネジメントの実施等に努める必要がある。

図表1-6　水道施設の更新費・修繕費の試算結果

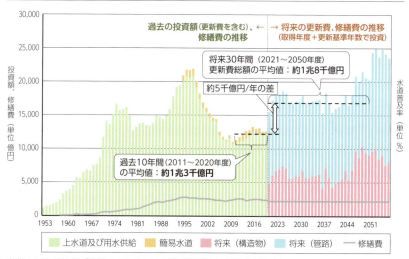

出典：厚生労働省「令和4年度全国水道関係担当者会議」解説資料

④水道施設台帳等の整備について

　水道施設台帳等の整備に関して、水道法の一部を改正する法律（平成30年法律第92号）では、「水道事業者等は、水道施設台帳を作成し、これを保管することが必要」と定められており、2022年9月30日までに整備を完了することが求められている。しかし、2022年10月1日時点で、水道事業（簡易水道事業を除く）の約95％が作成を終えている一方で、簡易水道事業では約81％にとどまっている。0.5万人未満の水道事業者の整備状況は約67％（2020年度末時点）で、給水人口が少ない事業者ほど整備が遅れている状況だ。各都道府県水道行政担当部（局）には、未作成の水道事業者等に対する適切な指導・監督が厚生労働省から要請されている。

⑤管路情報の管理状況（電子化）について

　管路情報の管理状況に関して、「国土強靱化年次計画2022」では「水道施設平面図のデジタル化率」を2025年度末までに100％に引き上げる目標が設定されている。2021年度末時点で、マッピングシステムを整備している水道事業者は全体の約93％となっており、50万人以上の給水人口をもつ水道事業体は、100％マッピングシステムを整備している。一方で、給水人口0.5万人未満の水道事業者の整備状況は約76％にとどまり、給水人口が少ない事業者ほどマッピングシステムの整備が遅れていることがわかる。

⑥アセットマネジメントの実施状況について

　厚生労働省は、2009年7月に「水道事業におけるアセットマネジメント（資産管理）に関する手引き」を作成している。これは、水道事業の経営を将来にわたり安定的に続けるため、長期的な視点からの計画的な資産管理（アセットマネジメント）の実施を推奨しているものだ。

　アセットマネジメントの構成要素には、「施設データの整備（台帳作成）」「日々の運転管理・点検等を通じた保有資産の健全度等の把握」「中長期の更新需要・財政収支の見通しの把握」「施設整備計画・財政計画等の作成」が含まれる。

　アセットマネジメントの実施率は、2012年度の約29％から2021年度には約90％に上昇している。しかし、給水人口が5万人未満の水道事業者等の実施率は、2021年度は約85％と給水人口が5万人以上の水道事業者等に比べて低い状況にある（給水人口5万人以上は96％以上）。

4）「財政的資源」の観点で整理した水道事業の概況

　2021年度の水道事業全体での給水収益は約2.26兆円で、2002年（約2.46兆円）から2021年までに約8.1％減少しており、年々減少傾向となっている。

　製造された水のうち、料金収入が得られた水量を指す有収水量は、節水機器の普及や人口減少等により、1998年の4,100万㎥/日をピークに減少傾向にあり、厚生労働省の試算によると、2050年には、2,760万㎥/日となりピーク時の67％、2100年には、1,520万㎥/日となりピーク時の37％まで減少することが予測されている。

また、水道料金収入（供給単価）で給水費用（給水原価）をどれだけ回収できているかを示す指標である料金回収率を確認すると、おおよそ4割の水道事業者において、料金回収率が100％を切っており、給水原価が供給単価を上回る原価割れの状況となっている。これは、計画的な更新のために必要な資金を十分確保できていない状態であることも示している。料金回収率が100％未満の事業体の割合は、給水人口別で示すと、25万人以上が35％、10万～25万人が41％、5万～10万人が38％、3万～5万人が53％、1万人～3万人が56％、1万人未満が68％となっており、小規模な事業体ほど経営基盤が脆弱で、給水原価が供給単価を上回って原価割れしていることがわかる。なお、これらの数値は、「令和2年度地方公営企業年鑑」から上水道事業者1,251事業者（簡易水道を含まない）を対象に作成している。2019年度の料金回収率が100％を下回る割合は、約40％だったため、2020年度は新型コロナウイルス感染症対応の料金減免等の影響を受けたものと考えられる。

近年、水道料金の家事用20㎥の平均料金は上昇傾向にあり、2007年度は3,077円だったが、2021年度には、3,334円となり約8％上昇している（図表1-7参照）。

料金を値上げまたは値下げした事業者数を確認すると、2021年度には、料金を上げた事業者は59社、下げた事業者は6社だった。2007年度には、料金を値下げした事業者は、41社あったが、その後、値下げする事業者数は減少傾向にある。2020年度には、値上げした事業者の数が過去15年で最も少なかったが、これは新型コロナウイルス感染症の影響などが原因と考えられる。

必要な水道料金の値上げを行わないと、一般会計からの繰り入れ（税金）を使わない限り、老朽化した施設の更新などに必要な資金を十分に確保できなくなり、漏水などのリスクが高まる可能性がある。

図表1-7　料金値上げ／値下げした事業者数と家事用 20㎥平均料金の推移

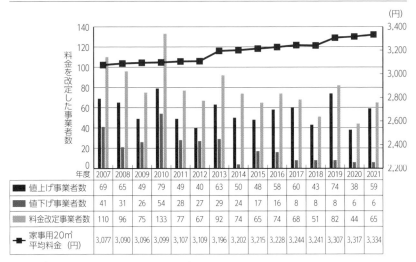

年度	2007	2008	2009	2010	2011	2012	2013	2014	2015	2016	2017	2018	2019	2020	2021
値上げ事業者数	69	65	49	79	49	40	63	50	48	58	60	43	74	38	59
値下げ事業者数	41	31	26	54	28	27	29	24	17	16	8	8	8	6	6
料金改定事業者数	110	96	75	133	77	67	92	74	65	74	68	51	82	44	65
家事用20㎥平均料金（円）	3,077	3,090	3,096	3,099	3,107	3,109	3,196	3,202	3,215	3,228	3,244	3,241	3,307	3,317	3,334

※値上げ事業者数には、料金体系の改定を含む
出典：厚生労働省「令和4年度全国水道関係担当者会議」解説資料

　なお、日本政策投資銀行（DBJ）の算出結果では、供給人口の減少や設備の更新対応により、経常利益が赤字にならないような料金水準を維持するためには、2015年を起点として、30年後には料金を6割以上引き上げる必要がある（債務残高も約2倍に膨らむ見込み）とされている（図表1-8参照）。

図表1-8 水道事業の将来シミュレーション「全国末端集計」

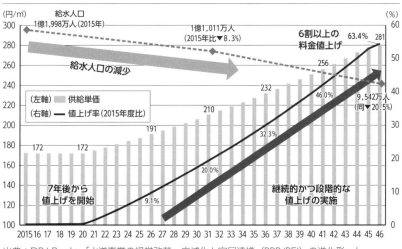

出典：DBJ Books「水道事業の経営改革～広域化と官民連携（PPP/PFI）の進化形～」

5）我が国の上水道事業の課題

ここまで述べてきたことを踏まえ、我が国の水道事業が抱える課題として、以下の３点が挙げられる。

①水道事業を遂行する職員の高齢化と人手不足

地方公共団体の職員数の減少率と比べて、水道事業に関わる職員数の減少率が大きいといえる。小規模な事業体では職員数が少なく、適切な資産管理や災害時の対応が困難な状況がある。さらに、水道事業者だけでなく、近年の大幅な労働人口の減少により、水道事業者から委託を受けて施設の運転維持管理や各種工事を担う民間事業者でも人材確保が難しい状況にある。

②施設や設備の老朽化と耐震化に伴う更新投資の増大

高度経済成長期に建設された施設の老朽化が進行し、年間２万件を超える漏水や破損事故が発生している。耐用年数を超えた管路の割合が年々上昇するとともに、耐震化されている基幹管路の割合は約４割にとどまっている。これらについ

て単純更新を行う場合、前述したようにこれまでの更新投資に加え年間約5,000億円の増額が必要という状況がある。

　③人口減少と節水型機器の普及による料金収入の減少と計画的な更新のための準備の不足
　有収水量がピーク（2000年）時と比べて、2050年頃には、約3分の2になると予想されている。約半分の水道事業者では、給水原価が供給単価を上回っている（原価割れの状況）こともあり、計画的な更新のために必要な資金を十分に確保できていない状況がある。
　国は、これらの問題を解決し、将来にわたり、安全な水の安定供給を維持するために水道の基盤強化を図ることが必要として、水道事業者に「適切な資産管理」、「広域連携」、「官民連携」に関する取り組みを求めている。

（2）我が国の下水道事業の概況と課題

1）我が国の下水道事業の概況
　下水道事業は、汚水の取り扱いや雨水の排除を通じて浸水を防ぎ、生活環境を改善し、公共用水域の水質を保全することをめざして、地方公共団体が地方公営企業として運営している。
　我が国での近代下水道の始まりは、1881年に横浜で、そして1884年に東京・神田で建設された下水道にある。戦後は一時期上水道の整備が優先され、下水道の整備は停滞したが、1958年の下水道法の大幅な改正をきっかけに、下水道の本格的な整備が進行した。
　我が国の下水道事業には、国土交通省が管轄する「公共下水道」、「流域下水道」などの下水道法上の下水道（1,983事業）に加えて、いわゆる「下水道類似施設」である農林水産省が管轄する「農業集落排水施設」などの集落排水（1,185事業）と環境省が管轄する「特定地域生活排水処理施設」などの浄化槽（432事業）も含まれる。
　下水道事業の数は、2000年度（4,669事業）をピークに、2022年度には3,600事業まで減少している。2000年以降の事業数の減少は、市町村の合併な

どが影響していると考えられる。

　下水道事業は、原則として「市町村が行う」（下水道法第3条等）とされており、地方公営企業を設けて特別会計による独立採算を前提とした経営が行われる。ただし、下水道事業については、地方公営企業法の規定は任意適用となっており、地方公営企業法の適用企業は、2022年度時点で、2,186事業者（全体の約60％）にとどまる。

　雨水処理に関する経費は、その受益が広く住民に及ぶことから公費（一般会計等）で、汚水処理に関する経費は私費（使用料）で負担することが原則となっている。

　下水道処理人口普及率は、1961年度末には6％だったが、1995年度末には50％を超え、2022年度末には、約81％となっている。下水道、農業集落排水、浄化槽等を合わせた汚水処理人口普及率は、2022年度末には92.9％に達している。直近20年ほどで、人口5万人未満の町村部の普及率が大幅に上昇したものの、近年は、今後の人口減少の見通しや厳しい財政状況を背景に普及率の上昇は緩やかなものになっている。

　以降では、我が国の下水道事業の概況を「人的資源」、「物的資源」、「財政的資源」という経営の3大資源の観点で整理する。

2）「人的資源」の観点で整理した下水道事業の概況

　「下水道統計」によると下水道部門の正規職員数は、2005年に約3万7,600人だったが、2020年には、約2万9,000人となり減少の一途をたどっている。同期間に、地方公務員の数は9.1％減少（304万人から276万人に減少）したのに対し、下水道部門の正規職員は22.7％減少しており、地方公務員全体よりも急速に下水道部門の人員が減っていることがわかる。下水道部門の職員の減少具合を職種別に確認すると、事務職員は15.9％、技術職員（維持）は8.5％、技術職員（建設）は25.4％減少している。

　都市規模別の下水道部署平均正規職員数を確認すると特に人口5万人未満の市町村において、職員数が少なく、組織体制が脆弱となっていることがわかる。

3）「物的資源」の観点で整理した下水道事業の概況

下水道事業に係る物的資源としては、資産の大半を占める管路と下水処理場等の施設が挙げられる。以降では、それらの老朽化具合や更新状況等について述べる。

①施設の老朽化について

国土交通省ウェブサイトによると、2023年度末の時点で、全国に約2,200カ所ある下水処理場のうち、機械・電気設備の標準耐用年数15年を経過した施設が約2,000カ所（全体の90％）となり、老朽化が進んでいる。

下水道事業の「物的資源」の状況を確認するために、総務省「地方公営企業年鑑」で確認すると施設の平均的な利用状況を示す「施設利用率」（晴天時平均処理水量÷晴天時処理能力）は、近年6割前後で横ばい傾向にある。

また施設の稼働効率を示す「負荷率」（晴天時平均処理水量÷晴天時最大処理水量）は、近年7割前後で横ばい傾向にある。

「有形固定資産減価償却率」（有形固定資産減価償却累計額／有形固定資産のうち償却対象資産の帳簿原価×100）は、2021年度に37％となっており、資産の老朽化が進行していることがわかる。

国は、下水道等の持続可能な事業運営に向けて、「経済・財政再生計画改革工程表2017改定版」（平成29年12月21日経済財政諮問会議）において、2022年度までの広域化・共同化を推進するための目標として、「全ての都道府県における広域化・共同化に関する計画策定」と「汚水処理施設の統廃合に取り組む地区数」の2つを設定した。これを踏まえ、国土交通省と関係3省（総務省、農水省、環境省）は、連名にてすべての都道府県における2022年度までの「広域化・共同化計画」策定を要請した。また、2017年度から2022年度までの汚水処理施設の統廃合に取り組む地区数については、関係4省で目標値450（うち、統廃合の工事完了は380、工事着手は70）と設定された。

その結果、汚水処理事業に係る広域化・共同化計画は2022年度末にすべての都道府県において計画の策定が完了した。また、広域化・共同化を推進するために上記4省が連携し分科会を設置して「広域化・共同化計画実施マニュアル」を取りまとめている。

②管路の老朽化について

　2022年度末時点で、全国の下水道管路の総延長は約49万kmに達している。これらのうち、標準耐用年数50年を超えた管路は約3万km（総延長の約7％）で、10年後は約9万km（約19％）、20年後には約20万km（約40％）と、老朽化が急速に進むと予想されている。

　特に、政令指定都市では早期に管路の整備が始まったため、50年以上経過した管路が他の都市よりも多い。一方、人口10万人未満の都市では50年以上経過した管路は少ない傾向にある。

　管路延長は、1996年には約26.8万kmだったものが2021年には約49.6万kmとなり、総延長が約1.85倍となった。一方で、管路の維持管理費（修繕費や人件費、調査費、清掃費等の合計）は、1996年が約1,194億円だったものが、2021年は、約1,446億円となり、約1.2倍にとどまっている。このことから、管路1m当たりの維持管理費は、1996年に約4.5億円だったものが2021年には約3億円となり、大きく減少していることがわかる。

　なお、2022年度末時点で、重要な幹線等は 56％が耐震化済みであり、下水処理場は40％が耐震化済みとなっている。

　一方、管路の老朽化による道路陥没が発生している箇所もある。2015年の下水道法改正により、特に腐食の可能性が高い下水道管路の部分について、5年に1回以上の点検が必須となった。国土交通省下水道部のウェブサイトによると、管路施設に起因した道路陥没件数は、近年、減少傾向にあり、具体的には、管路に起因した陥没事故が2008年度には約4,000件発生していたが、2022年度には約2,600件に減少している。国土交通省のデータによれば、管路が設置されてから約40年が経過すると、陥没件数と発生割合が急増することが明らかになっていることから、老朽化が進む中、事後的な対応から予防的な保全へと維持管理の方法を変えることが求められている。

4）「財政的資源」の観点で整理した下水道事業の概況

　下水道の建設財源に関して、国は、下水道の公共的役割に鑑み、その整備の推進を図るため、雨水及び汚水に係る施設の基幹的部分を地方公共団体に補助しており、地方負担部分については、世代間の負担の公平性等の観点から、主に地方

債が充当されている。

　下水道の維持管理財源に関しては、基本的に、雨水に係るものは一般会計で、汚水に係るものは使用者からの使用料で負担することとされているが、下水道の公共的役割に鑑み、汚水に係る費用のうち、高度処理費用等については、地方公共団体の一般会計が負担することとされている（その他、経費の負担区分に基づき一般会計が負担することとされている経費は、一般会計繰出基準で明らかにされており、当該経費は地方財政計画に計上され、所要の地方財政措置が講じられている）。

　下水道事業の2021年度の決算を見ると、歳入は５兆2,408億円で、歳出は５兆2,677億円となっている。歳入のうち、一般会計繰出金を確認すると、雨水費が5,930億円、汚水費が5,727億円となっており、使用料で賄うことが原則である汚水費についても一般会計からの繰出金に依存している状況である。

　2021年度の建設改良費は、約1.66兆円であり、図表1-9の通り、近年微増傾向となっている。建設改良費は、新設分と更新分に分けることができ、新設分は近年減少傾向にある一方で、更新分は増加傾向にある。施設の老朽化が進んでいる現状を鑑みれば、今後もさらに更新分の建設改良費の増加が続く見込みである。資本費と維持管理費を合わせた管理運営費については、直近10年間で減少傾向であり、2018年度は総額約2.6兆円で、その財源は、主に下水道使用料と一般会計繰入金となっている。管理運営費のうち維持管理費が増加傾向にあり、2012年から2021年にかけて約１割増加している一方、資本費は減少傾向であり、同期間に約２割減少している。

第1章
我が国の上下水道事業における課題

図表1-9　建設改良費と管理運営費の推移

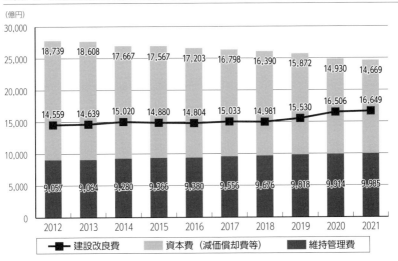

※建設改良費は、公共下水道事業（特環、特公を含む）、流域下水道事業を対象としているが、流域下水道建設費負担金については、二重計上を防ぐため控除している。
※維持管理費・資本費は、公共下水道事業（特環、特公を含む）を対象としているが、維持管理費・資本費の中には、流域下水道維持管理負担金も含まれており、当該部分の流域下水道事業の管理運営費も対象となっている。資本費については、2014年度以降は、長期前受金戻入を控除している。
出典：国土交通省ウェブサイト

　下水道使用料収入は、2017年度をピークに減少傾向にあり、2021年度は、約1兆4,720億円となっている。人口減少などの影響で、上水道で製造した水のうち、料金収入が得られた水量を指す有収水量の減少が見込まれており、一般的に、各家庭での水道の有収水量は基本的に下水道の有収水量となるため、将来的な変動は上下水道で共通するとみられる。そのため、下水道の有収水量も上水道と同様に減少傾向になると予想され、それに伴い使用料収入の減少も予想される。特に小規模事業体では、人口減少率が高く、有収水量の減少が大きいと予測されている。さらに、従量使用料に大きく依存している使用料体系の事業体では、水量減少以上の使用料収入の減少が見込まれている。
　下水道事業は、地方財政法上の公営企業とされ、その経費は、その性質上当該

事業の経営に伴う収入をもって充てることが適当でない経費及び当該事業の性質上能率的な経営を行ってもなおその経営に伴う収入のみをもって充てることが客観的に困難であると認められる経費を除き、当該事業の経営に伴う収入をもって充てなければならないとしており、適正な経費負担区分を前提とした「独立採算の原則」が定められている。当該原則に基づいて、下水道使用料で賄うべき対象経費の範囲は、汚水処理に係る維持管理費及び資本費のうち、一般会計負担部分を除いた費用となる。

下水道使用料の算定は基本的に総括原価方式が用いられる。しかし、総務省「令和2年度下水道事業経営指標・下水道使用料の概要」の地方公営企業法が適用されている公共下水道（特定環境保全公共下水道・特定公共下水道含む）の原価算定状況を確認すると、汚水処理に関連する維持管理費（人件費、動力費、薬品費、施設補修費、管渠清掃費など、日常の下水道施設の維持管理に必要な費用）と資本費（減価償却費、企業債等支払利息及び企業債取扱諸費用の合計額［法適用企業の場合］）を全額算定対象としている事業者は全体の約14％に過ぎず、維持管理費全部と資本費の一部だけを算定対象としている事業者が約51％、維持管理費全部を算定対象としている事業者が約24％、維持管理費の一部だけを算定対象としている事業者が約12％となっている。このことから、多くの事業者は国庫補助や一般会計による負担を前提としていることがわかる。

なお、2017年に国土交通省、総務省の各事務連絡において、資産維持費を使用料対象経費に位置付けることが通知されている。下水道事業における資産維持費とは「将来の更新需要が新設当時と比較し、施工環境の悪化、高機能化（耐震化等）等により増大することが見込まれる場合、使用者負担の期間的公平等を確保する観点から、実体資本を維持し、サービスを継続していくために必要な費用（増大分に係るもの）として、適正かつ効率的、効果的な中長期の改築（更新）計画に基づいて算定するもの」である。

「令和3年度地方公営企業年鑑」によると、下水道使用料だけで汚水処理費用を賄えていない事業者が全体の73％に上っており、汚水処理の原価が使用料単価を超える「原価割れ」の状況にある（回収率が100％以上の事業者の割合が27％、100％未満が22％、90％未満が13％、80％未満が38％となっている）。

必要な汚水処理費用を使用料収入で賄っている割合を示す経費回収率を人口密

度ごとに確認すると、処理区域内人口密度の低い公共下水道や集落排水、浄化槽事業の経費回収率が低い傾向がある。総務省「公営企業としての下水道事業の現状と課題」によると、2022年度の経費回収率は、人口密度100人/ha以上の公共下水道では96.7％、人口密度75 ～ 100人/haの公共下水道では98.2％、人口密度50 ～ 75人/haの公共下水道では83.3％、人口密度25 ～ 50人/haの公共下水道では73.9％、人口密度25人/ha未満の公共下水道では46.8％、特定環境保全公共下水道では39.8％、集落排水施設では28.8％、浄化槽では42.3％となっている。

　次に、国土交通省が2019年度に実施した「下水道使用料に関する実態調査」の回答者の平均値を用いた下水道事業の費用構造と下水道使用料の関係性を確認する。全費用の中で固定費が占める割合は92.3％だが、利用者から徴収する使用料の中で基本使用料が占める割合は30.4％に過ぎない。また、動力費、薬品費、修繕費からなる変動費は全費用の7.6％である一方で、使用料の中で従量使用料が占める割合は69.1％に上る。これらのデータから、基本使用料の全使用料収入に占める割合が、全支出に占める固定費割合に比べて低いことが明らかになる。これは、人口減少が進むと、基本使用料が減り、固定費を賄いきれなくなり、下水道サービスの維持が難しくなる可能性を示唆している。

（公社）日本下水道協会が策定した「下水道使用料算定の基本的考え方（2016年度版）」では、公共料金としての安定性、長期間設定による予測の不確実性を考慮し、下水道使用料算定期間は３年から５年が適当としており、当該期間の経過を一つの目安として見直しの必要性等について検討すべきと記している。これは、総務省の「経営戦略策定・改定ガイドライン」（平成31年３月）において、10年超を計画期間とする経営戦略について、３～５年ごとの見直し（ローリング）が必要とされていることとも整合的である。これらのガイドライン等が示されているにもかかわらず、国土交通省が2019年度に実施した「下水道使用料に関する実態調査」によると、過去5年間で料金体系を見直した団体は全体の20.3％に過ぎず、最近5年間で料金を見直していない事業体の中で料金改定を検討していないところが約59％もある。使用料改定の検討をしていない理由として、ノウハウや人員の不足を挙げている事業体が約4割に上っている。同調査によると、現行使用料体系における使用料算定期間を、３～5年と回答した事業体

が34％と最も多いが、45.7％の事業体が使用料体系の使用料算定期間を不明と回答している。

　なお、国土交通省は、収支構造を適正化するために、社会資本整備総合交付金の交付要件として、人口３万人以上の事業体については、2020年度以降の予算・決算が公営企業会計に基づくものに移行していること、人口３万人未満の事業体に対して、2024年度以降の予算・決算が公営企業会計に基づいていることを要求している。また、公営企業会計を適用している団体に対しては、少なくとも５年に１回、下水道使用料の改定の必要性について検証を行い、経費回収率を向上させるためのロードマップを作成し、国土交通省に提出することを要件化している。

５）我が国の下水道事業の課題のまとめ

　ここまで述べてきたことを踏まえ、我が国の下水道事業が抱える課題として、以下の４点が挙げられる。

①下水道事業の人手不足

　地方公共団体の職員数が減っているのに対し、下水道事業に関わる職員数の減少はそれ以上で、特に小規模な事業体では人手が足りず、資産管理や災害対応に問題が出ている。さらに、下水道事業者だけでなく、施設の運転維持管理や工事を委託される民間事業者でも、人材を確保するのが難しい状況にある。

②施設・設備の老朽化と更新投資の増加

　機械・電気設備の標準耐用年数（15年）を超えた施設が全体の９割を超え、20年後には、管路の約４割が標準耐用年数（50年）を超える見込みで、施設や管路の老朽化が進行している。都市部で先に整備された下水道の施設や管路が老朽化しているが、長期的には地方部でも同様の問題が生じ、経営体制が脆弱な中での更新が求められることになる。

　さらに、下水処理場の耐震化は40％、管路（重要な幹線等）の耐震化は56％にとどまっている。下水道は他のライフラインと違い、災害時の代替手段がないため、限られた財源の中で、耐震化を優先的に進める必要がある。また、

集中豪雨の増加や都市化による雨水流出量の増加等により、都市部での内水氾濫のリスクが高まっているため、流域治水の考え方に基づく雨水幹線の整備等のハード対策と内水ハザードマップの公表等のソフト対策を充実させる必要がある。

③人口減少と節水型機器の普及による料金収入の減少

料金収入の減少が見込まれる一方で、4分の3の事業者（73％）では汚水処理原価が使用料単価を上回る「原価割れ」の状態になっている。さらに、使用料収入に占める基本使用料の割合が、支出に占める固定費割合に比べ低く、人口減少の進行等により、下水道サービスの維持が困難になる可能性がある。

④未普及地域への対応

2022年度末時点での汚水処理人口普及率（下水道類似施設を含む）は、92.9％で、未普及人口が約890万人存在する。

未普及地域は、普及済みの地域に比べて人口規模が小さく、人口減少のスピードも速く、人口密度が低いため1人当たりの整備・維持管理コストが高い。そのため、下水道類似施設（浄化槽）や自立分散型水循環システムの活用等を含めた最適な方式による汚水処理の実施を検討していく必要がある。

第1章 我が国の上下水道事業における課題

2 我が国の上下水道事業における官民連携の概況

本節では、我が国の上下水道事業における官民連携の現状や活用可能な官民連携手法等について述べる。

（1）上水道事業における官民連携の概況

　我が国の水道事業は、水道の拡張整備を主要な目標としていた時代から、既存の水道の基盤強化が求められる時代へと移行している。多くの水道事業体（特に中小規模事業体）は、施設の老朽化や人口減少、節水型社会への移行による料金収入の減少、職員数の減少などの経営課題に直面しており、将来にわたる持続可能な事業運営のための基盤強化が求められている。

　1999年に施行された「民間資金等の活用による公共施設等の整備等の促進に関する法律」や改正水道法、改正地方自治法により、水道事業でもPFIや指定管理者制度、水道の管理に関する技術上の業務を信頼できる民間事業者等の第三者に委託することが可能になった。これにより、水道法上の責任を含む第三者委託が可能となり、多くの官民連携が実施されている。

　さらに、2018年12月に成立した改正水道法により、最終的な給水責任を地方公共団体が保持しつつ、水道施設に関する公共施設等運営権を民間事業者に設定できる新たなコンセッション方式が導入された。この方式を用いた宮城県上工下水一体官民連携運営事業が2022年4月から開始されている。

1）上水道事業におけるPPP/PFIの主な類型

　上水道分野におけるPPP/PFIの主な類型として、図表1-10の通り、個別委託、第三者委託、包括委託、DBO方式、PFI、ウォーターPPP（管理・更新一体マネジメント方式／コンセッション[公共施設等運営権]方式）がある。

第1章 我が国の上下水道事業における課題

図表1-10　上水道事業における主なPPP/PFI

	個別委託	第三者委託	DBO	PFI	ウォーターPPP 管理・更新一体マネジメント方式	ウォーターPPP コンセッション方式
経営・計画	×	×	×	×	×	×
管理	×	×	×	△	△	△
営業	〇	×	△	△	△	△
設計・建設	〇	×	〇	〇	〇【更新実施型】更新工事【更新支援型】更新計画案策定やCM	〇
維持管理	〇	〇	〇	〇	〇	〇
スキームの概要	・水道事業者等の管理下で業務の一部を委託するものであり、水道法上の責任はすべて水道事業者等が負う・契約期間は、通常は単年度契約	・水道の管理に関する技術上の業務について、技術的に信頼できる他の水道事業者等や民間事業者といった第三者に水道法上の責任を含めて委託するもの・契約期間は、3～5年程度とすることが多い	・公共が資金調達を負担し、設計・建設、維持管理、修繕等の業務について民間に委託する方式・公共が資金調達を行うため、設計・施工、運営段階における金融機関によるモニタリング機能が働かない（働きづらい）点がPFIと異なる	・施設等の設計、建設、維持管理、修繕等の業務について、民間事業者の資金とノウハウを活用して包括的に実施するもの（維持管理については第三者委託を併用することが多い）・対象施設は浄水場などの大規模施設であり、施設全体を対象業務とすることが一般的・契約期間は、10～30年の長期にわたる	・性能発注を原則とした管理・更新一体マネジメント方式・契約期間は原則10年間・管路を事業範囲に含めることが前提・下水道事業や農業集落排水、浄化槽施設を事業範囲に含めることも可能	・施設の所有権を公的主体が有したまま、施設の運営権を民間事業者に設定する方式・契約期間は、20～30年度の長期にわたることが考えられる

（包括委託）

出典：厚生労働省「水道事業における官民連携に関する手引き（改訂版）」（令和元年9月から）筆者作成

　個別委託とは、従来型の業務委託のことで、水道事業者が管理する業務の一部を委託する形態だ。水道法上の責任はすべて水道事業者などがもつことになる。委託される業務は、定型的な業務（メーター検針業務、窓口・受付業務など）、民間事業者の専門的知識や技能が必要な業務（設計、水質検査や電気機械設備の保守点検業務など）、付随的な業務（清掃、警備など）などがある。契約期間は、通常は単年度となる。

　第三者委託とは、浄水場の運転管理業務などの水道の管理に関する技術的な業務を、技術的に信頼できる他の水道事業者や民間事業者といった第三者に水道法上の責任を含めて委託する形態である。これは2001年の水道法改正により創設され、2002年4月から施行されており、委託者と受託者の業務範囲や責任区分

を明確にするため、一体的に管理業務を行える委託範囲とする必要がある。そのため、浄水場を中心に、取水施設、ポンプ場、配水池などを含めて一体として管理できる範囲とすることが考えられる。契約期間は、3～5年程度とすることが多い。単年度契約では第三者委託によるコスト削減などの効果は十分には得られないと考えられる。

　包括委託とは、広範囲にわたる複数の業務を一括して委託する形態で、複数の業務を包括して委託することで、民間事業者が創意工夫できる範囲が拡大し、業務のさらなる効率化が期待できる。また、水道事業だけでなく、下水道事業も含めて対象とした事例もある。委託の対象となる業務は、定型的な業務（水道メーター検針業務、窓口・受付業務など）、民間事業者の専門的知識や技能が必要な業務（設計、水質検査や電気機械設備の保守点検業務など）、施設の維持管理、保守、運転などの業務、付随的な業務（清掃、警備など）などがある。先行事例では、計画・管理支援、設計・施工管理・建設工事（いわゆる4条関連業務）が対象業務となっているものもある。包括委託の契約期間は、5年程度のものが多いが、近年10年程度の契約期間を設定している事例も見られる。

　DBO方式は、水道事業者などが施設整備に伴う資金調達を行い、設計、建設、維持管理、修繕などの業務を民間事業者のノウハウを活用して包括的に実施するものである。契約期間は長期で、10～30年に及ぶ。

　PFIは、設計、建設、維持管理、修繕などの業務を民間事業者の資金とノウハウを活用して包括的に実施するもので、契約期間は10～30年の長期間とすることが一般的である。PFIの事業形態は、サービス購入型（公共が民間事業者に一定のサービス対価を支払う）、ジョイントベンチャー型（公的支援制度を活用して一部施設を整備）、独立採算型（施設利用者からの料金収入のみで資金回収が行われる）の3つに分けられるが、日本の水道事業者に導入されているのは、すべて「サービス購入型」である。PFIの事業方式としては、民間事業者が施設を所有し、契約期間終了後に所有権を公共に譲渡するBOT（Build Operate Transfer）方式、施設整備後に公共が引き続き所有するBTO（Build Transfer Operate）方式、民間事業者が施設の整備・管理運営を行い、契約期間終了後に民間事業者が施設を保有し続けるか撤去するBOO（Build Own Operate）方式がある。水道施設に関するPFI事業では、現在、BTO方式だけが国庫補助金の交付を受けられる。

第1章
我が国の上下水道事業における課題

　ウォーターPPPは、水道施設を性能発注で維持管理しつつ、更新業務（更新工事または更新計画の策定）を含む事業で、原則として10年間の事業期間をもつ「管理・更新一体マネジメント方式」と「コンセッション（公共施設等運営権）方式」を総称したものだ。

　管理・更新一体マネジメント方式は、「長期契約（原則10年）」、「性能発注」、「維持管理と更新の一体マネジメント」、「プロフィットシェア」の4要件を満たす必要がある。

　管理・更新一体マネジメント方式には、「更新実施型」と「更新支援型」の2つがある（図表1-11参照）。更新実施型は、維持管理と更新を一体的に最適化するための方式で、維持管理と更新を一体的に実施するものである。一方、更新支援型は、更新工事は行わず、更新計画案の策定やコンストラクションマネジメント（ピュア型CMなど）により、水道事業者などの更新を支援するものである。

図表1-11　更新実施型と更新支援型の概要

類型	更新実施型	更新支援型
契約関係（例）	地方公共団体→民間事業者（サービス対価（維持管理分）、PFI事業契約*、サービス対価（更新分））／維持管理・更新／受託企業（委託契約）、請負企業（請負契約） ＊PFI事業契約を原則とする	地方公共団体→民間事業者（委託費（維持管理分）、委託契約、委託費（更新支援分）、請負契約）／維持管理・更新支援／受託企業（委託契約）、請負企業・更新計画案の作成・ピュア型CM*等 ＊「地方公共団体におけるピュア型CM方式活用ガイドライン（令和2年9月国土交通省）」を参照
事業フロー（例）	原則10年　維持管理：実施／更新計画（入札時提案）→更新計画／更新：実施 ＊処理方式の変更等の大規模な更新工事は事業範囲外とすることも考えられる。	原則10年　維持管理：実施／更新支援：更新計画案の作成（更新工事は地方公共団体が実施）／■民間が実施するものを示す
特長	○更新工事を含めて一括で民間に委ねることができ、地方公共団体の体制補完の効果が大きい。	○発注に関係する技術力を地方公共団体に残す、また、実際に維持管理を実施する民間企業等の観点から、より効果的な更新計画案の作成を期待できる。

出典：内閣府「ウォーターPPP概要」

コンセッション方式とは、公的主体が施設の所有権を保持しつつ、運営権を民間事業者に移譲する手法だ。これにより、公的主体が所有する公共施設などについて、民間事業者が安定的かつ自由度の高い運営を行うことが可能となり、利用者のニーズに応えた高品質なサービスを提供できるようになる。

　2011年のPFI法の改正により、水道施設を含む公共施設等の運営にコンセッション方式を導入できるようになった。この場合、経営主体を水道事業等の運営等を行おうとする公共施設等運営権者とし、公共施設等運営権者が水道法に基づく水道事業経営の認可を取得した上で、実施することができるようになり（民間事業型）、2018年12月には、水道事業等の確実かつ安定的な運営のため公の関与を強化し、最終的な給水責任を地方公共団体に残した上でコンセッション方式の導入を可能とする水道法改正が行われた。これにより、地方公共団体が、水道事業者等としての位置付けを維持しつつ、厚生労働大臣の許可を受けて、水道施設に関する公共施設等運営権を民間事業者に設定できる仕組みが新たに導入可能となった（地方公共団体事業型）。

2）上水道事業におけるPPP/PFIの活用状況

　厚生労働省水道課の調査によれば、2022年度の時点で、運転管理に関する委託は、596の水道事業者等が3,259の施設で行っており、その中で包括委託は、181の水道事業者等が1,124の施設で導入している（図表1-12参照）。

　第三者委託は、民間事業者への委託が56の水道事業者で294の施設で行われ、水道事業者等への委託が14の水道事業者等で23の施設で行われている。

　DBO方式は、20の水道事業者で19件、PFIは、9の水道事業者等で12件行われている。

　ウォーターPPP（管理・更新一体マネジメント方式）については、スキームが規定されてからまだ日が浅いが、先行事例として守谷市（茨城県）と箱根地区（神奈川県）で実施中である。なおウォーターPPP（コンセッション方式）は、宮城県での導入だけとなっている（2024年9月時点）。

　2024年4月に水道整備・管理行政が厚生労働省から国土交通省に移管され、官民連携をはじめとする上下水道の共通課題に対して、上下水道一体の取り組みを推進することが予定されている。上下水道一体での効率的な事業実施に向け、新たな

第1章
我が国の上下水道事業における課題

補助事業が創設されることから、今後、ウォーターPPPの導入が進むとみられる。

図表1-12　官民連携手法の導入実績（2022年度時点・浄水施設のみ）

業務分類（手法）	制度の概要	取り組み状況及び「実施例」
一般的な業務委託（個別委託・包括委託）	○民間事業者のノウハウ等の活用が効果的な業務についての委託 ○施設設計、水質検査、施設保守点検、メーター検針、窓口・受付業務などを個別に委託する個別委託や、広範囲にわたる複数の業務を一括して委託する包括委託がある	運転管理に関する委託：3,259施設（596水道事業者等） 【うち、包括委託は、1,124施設（181水道事業者等）】
第三者委託（民間事業者に委託する場合と他の水道事業者に委託する場合がある）	○浄水場の運転管理業務等の水道の管理に関する技術的な業務について、水道法上の責任を含め委託	民間事業者への委託：294施設※（56水道事業者等） 「大牟田・荒尾共同浄水場施設等整備・運営事業」他 水道事業者等（市町村等）への委託：23施設※（14水道事業者等） 「福岡地区水道企業団多々良浄水場」、「横須賀市小雀浄水場」他
DBO（Design Build Operate）	○地方自治体（水道事業者）が資金調達を負担し、施設の設計・建設・運転管理などを包括的に委託	19案件（20水道事業者等） 「函館市赤川高区浄水場」、「弘前市樋の口浄水場他」、「会津若松市滝沢浄水場」、「小山市若木浄水場他」、「横浜市西谷浄水場排水処理施設」、「見附市青木浄水場」、「燕・弥彦総合事務組合統合浄水場」、「枚方市中宮浄水場」、「神戸市千苅浄水場」、「橋本市橋本市浄水場」、「備前市坂根浄水場等」、「松山市かきつばた浄水場」、「四国中央市中田井浄水場」、「大牟田市・荒尾市ありあけ浄水場」、「佐世保市山の田浄水場」、「一宮市中央監視施設」
PFI（Private Finance Initiative）	○公共施設の設計、建設、維持管理、修繕等の業務全般を一体的に行うものを対象とし、民間事業者の資金とノウハウを活用して包括的に実施する方式	12案件（9水道事業者等） 「夕張市旭町浄水場等」、「横浜市川井浄水場」、「岡崎市男川浄水場」、「神戸市上ヶ原浄水場」、「埼玉県大久保浄水場排水処理施設等」、「千葉県北総浄水場排水処理施設他1件」、「神奈川県寒川浄水場排水処理施設」、「愛知県知多浄水場排水処理施設他2件」、「東京都朝霞浄水場等常用発電設備」
ウォーターPPP	○以下の「管理・更新一体マネジメント方式」と「コンセッション方式」を総称したもの	
管理・更新一体マネジメント方式	○「長期契約（原則10年）」、「性能発注」、「維持管理と更新の一体マネジメント」、「プロフィットシェア」の4要件を満たすもの ○維持管理と更新を一体的に実施する「更新実施型」と更新工事は実施せず、更新計画案の策定やコンストラクションマネジメント（ピュア型CM等）により、水道事業者等の更新を支援する「更新支援型」がある	「守谷市上下水道施設管理等包括業務委託」、「箱根地区水道事業包括委託」
コンセッション方式（公共施設等運営権方式）	○利用料金の徴収を行う公共施設（水道事業の場合、水道施設）について、水道施設の所有権を地方自治体が有したまま、民間事業者に当該施設の運営を委ねる方式	1案件（1水道事業者等） 「宮城県上工下水一体官民連携運営事業（みやぎ型管理運営方式）」

※令和4年度厚生労働省水道課調べ
出典：厚生労働省「令和5年度全国健康関係主管課長会議」資料から筆者作成

(2) 下水道事業における官民連携の概況

　下水道事業も、上水道事業と同じく、技術職員の不足、施設の老朽化、人口減少や節水型機器の普及による使用料収入の減少などの問題を抱えている。これらの問題を解決し、持続可能な下水道事業を運営するための一つの方法として、官民連携手法（PPP/PFI）が活用されている。下水道事業では、後述の通り、下水処理場の管理の9割以上が民間委託されるなど上水道事業よりも官民連携が進んでいる。

　上水道事業では、水道の管理に関する技術上の業務の全部または一部を他の水道事業者に委託することができる第三者委託が2002年に施行した改正水道法以前は、想定されていなかったため、官民連携の導入が限定的な状況になっていると考えられる。

　一方で、下水道事業では、下水処理場の運転管理等の委託が当時の法体系の枠組みで導入可能であったため、上水道事業よりも活発に官民連携が実施されていたと考えられる。

1）下水道事業でのPPP/PFIの主な種類

　下水道分野でのPPP/PFIの主な種類としては、図表1-13に示す通り、包括的民間委託、指定管理者制度、DBO方式、PFI、ウォーターPPP（コンセッション方式、管理・更新一体マネジメント方式）がある。

第1章 我が国の上下水道事業における課題

図表1-13　下水道分野における PPP/PFI の概要

PPP/PFI手法		定義	業期間一般的な	運転管理・保守点検・	薬品等の調達	補修・修繕	改築設計・建設・	資金調達	料金収受	計画策定	合意形成	政策決定	公権力行使
包括的民間委託	処理場・ポンプ場	性能発注方式であることに加え、かつ、複数年契約であることを基本とする方式。	3〜5年	レベル1 ←レベル2→ ←―レベル3―→ 民間						公共			
	管路	「管路管理に係る複数業務をパッケージ化し、複数年契約」にて実施している方式。	3〜5年	民間						公共			
指定管理者制度		強制徴収等の公権力の行使を除く運転、維持管理、補修、清掃等の事実行為を含む公共施設の管理を民間事業者に委託する方式。	3〜5年	民間						公共			
DBO方式		公共が資金調達し、施設の設計・建設、運営を民間が一体的に実施する方式。	20年	民間						公共			
PFI（従来型）		民間が資金調達し、施設の設計・建設、運営を民間が一体的に実施する方式のうち、PFI（コンセッション方式）を除くもの。	20年	民間						公共			
ウォーターPPP（管理・更新一体マネジメント方式）		公共施設等運営権は設定せず、利用料金の直接収受をせずに、長期契約（原則10年）、性能発注、維持管理と更新の一体マネジメント、プロフィットシェアを導入する方式。更新実施型と更新支援型がある。	10年	民間				【更新実施型】更新工事 【更新支援型】更新計画案策定やCM			公共			
ウォーターPPP（コンセッション方式）		利用料金の徴収を行う公共施設等について、施設の所有権を地方公共団体が有したまま、運営権を民間事業者に設定する方式。	20年	民間							公共			

※民間の事業範囲となる部分については、性能発注を基本とする。

＜処理場・ポンプ場の包括的民間委託におけるレベル＞
　レベル1：運転管理の性能発注
　レベル2：運転管理とユーティリティー管理を併せた性能発注
　レベル3：レベル2に加え、補修と併せた性能発注

出典：国土交通省「下水道分野における PPP/PFI の概要」より筆者作成

　包括的民間委託や指定管理者制度は、主に施設や管路の保守点検・運転管理や薬品等の調達、補修・修繕を委託するもので、施設の建築や改築は業務範囲に含まれていない。なお、処理場・ポンプ場の包括的民間委託については、運転管理の性能発注を「レベル1」、運転管理とユーティリティー管理を併せた性能発注を「レベル2」、レベル2に加え、補修と修繕計画の策定を併せた性能発注を「レベル3」と呼称している。
　DBO方式は、公共が資金調達を行い、施設の設計・建設、運営を民間が一体的に実施する方式でPFI（従来型）は、民間が資金調達を行い、施設の設計・建設、運営を民間が一体的に実施する方式で、PFI（コンセッション方式）を除くものとなる。

ウォーターPPPは、上水道事業同様「PPP/PFI推進アクションプラン（令和5年改定版）」でコンセッション方式に段階的に移行するための官民連携方式（管理・更新一体マネジメント方式）をコンセッション方式と併せて「ウォーターPPP」として導入拡大を図るとされているものだ。国は、下水道事業を巡る厳しい経営状況や執行体制の脆弱化の中で持続可能な事業運営を図るため、コンセッション方式とコンセッション方式に準ずる効果が期待できる管理・更新一体マネジメント方式を、新たに「ウォーターPPP」として位置付け、導入を推進している。「PPP/PFI推進アクションプラン（令和5年改定版）」に基づき、2026年度までに6件のコンセッション方式の具体化、2031年度までに100件のウォーターPPPの具体化を目標として取り組んでいる。ウォーターPPPの内容は上水道と同じである。

コンセッション方式とは、公的主体が施設の所有権を保持しつつ、運営権を民間事業者に委ねる形態を指す。これにより、公的主体が所有する公共施設等の運営を、民間事業者が安定的かつ自由度高く行うことが可能となり、利用者のニーズを反映した高品質なサービスを提供することができる。

国土交通省は、2027年度以降、汚水管の改築に関する国費支援について、ウォーターPPP導入を決定済みであることを要件とし、また2023年度からはコンセッション方式による改築等整備費用に対して国費支援の重点配分を行うことで、ウォーターPPPの導入を推進している。

2）下水道事業におけるPPP/PFIの活用状況

下水道事業におけるPPP/PFIの活用状況（図表1-14参照）を見ると、2023年4月時点で、下水処理場の管理（機械の点検・操作等）の9割以上が民間委託されている。その中でも、施設の運転管理・巡視・点検・調査・清掃・修繕・薬品燃料調達等を一括して複数年にわたり委託する包括的民間委託は、処理場で579施設、管路で60契約あり、近年増加傾向にある。また、下水汚泥の利活用、具体的にはガス発電や固形燃料化を中心としたDBO方式・PFI（従来型）は48施設（DBOが38施設、PFIが10施設）で実施されている。

第1章
我が国の上下水道事業における課題

図表1-14　PPP/PFI（官民連携）実施状況（2023年4月時点）

業務分類（手法）		制度の概要	実施状況（全国1,479団体）
包括的民間委託		○施設の運転管理・巡視・点検・調査・清掃・修繕・薬品燃料調達等を一括して複数年にわたり委託する方式	309団体【下水処理場で579カ所（287団体）、ポンプ場で1,162カ所（193団体）、管路で60契約（46団体）】
指定管理者制度		○強制徴収等の公権力の行使を除く運転、維持管理、補修、清掃等の事実行為を含む公共施設の管理を民間事業者に委託する方式	21団体【下水処理場で62カ所（21団体）、ポンプ場で97カ所（12団体）、管路で33契約（12団体）】
DBO (Design Build Operate)		○公共が資金調達し、施設の設計・建設、運営を民間が一体的に実施する方式	29団体【下水処理場で36カ所（28団体）、ポンプ場で2カ所（2団体）】
PFI (Private Finance Initiative)		○民間が資金調達し、施設の設計・建設、運営を民間が一体的に実施する方式のうち、コンセッション方式を除くもの	9団体【下水処理場で10カ所（8団体）、管路で1契約（1団体）】
ウォーターPPP		○以下の「管理・更新一体マネジメント方式」と「コンセッション方式」を総称したもの	
	管理・更新一体マネジメント方式	○「長期契約（原則10年）」、「性能発注」、「維持管理と更新の一体マネジメント」、「プロフィットシェア」の4要件を満たすもの。○維持管理と更新を一体的に実施する「更新実施型」と更新工事は実施せず、更新計画案の策定やコンストラクションマネジメント（ピュア型CM等）により、水道事業者等の更新を支援する「更新支援型」がある。	守谷市上下水道施設管理等包括業務委託他
	コンセッション方式（公共施設等運営権方式）	○利用料金の徴収を行う公共施設等について、施設の所有権を地方公共団体が有したまま、運営権を民間事業者に設定する方式	4団体[下水処理場で7カ所（4団体）、ポンプ場で10カ所（2団体）、管路で2カ所（2団体）]

※国土交通省調査による2023年4月時点で実施中のもの。
※1団体で複数の施設を対象としたPPP/PFI事業を行う場合があるため、必ずしも団体数の合計は一致しない。
出典：国土交通省「下水道分野のPPP/PFI（官民連携）」より筆者作成

第1章　我が国の上下水道事業における課題

3 我が国の上下水道事業における官民連携の推進に際しての課題

本節では、我が国の上下水道事業における官民連携の推進に関連する問題点について述べる。官民連携を進めるためには、まず、上下水道事業体の規模に応じた官民連携等の導入方針（打ち手）を整理し、その後で、実施する官民連携についての検討を進めることが必要と考えられる。
以降では、上下水道事業体の規模に応じた官民連携の導入方針の検討内容と官民連携を進める上での5つの課題について述べる。

（1）上下水道事業体の規模に応じた官民連携の導入方針の検討

　我が国の上下水道事業体は、事業体数が多く、事業の成り立ちや事業規模等がそれぞれ異なる。そのため、官民連携を実施すれば、一律に各事業体が抱えている課題を解決できるわけではない。
　官民連携事業とは、地域の上下水道事業が抱える課題を官民で協力して解決するものであり、官民連携の実施にあたっては、上下水道事業体それぞれの規模や地域の特徴、個別事情（広域連携の構想や施設更新計画、地元企業の活用等）を考慮した上で、課題解決のために、民間活力の活用余地を探ることが重要だ。
　本章第1節や第2節で述べた通り、我が国の上下水道事業体は、小規模の事業体ほど人材・物資・財政の観点で多くの課題を抱えている。
　大規模事業体は、施設の老朽化等の課題はあるものの、比較的職員数が多く、業務の逼迫感が少ないことから、民間企業が有する最新技術を駆使した施設の更新等、特定の領域での官民連携が求められる傾向がある。
　中規模事業体では、人的資源・物的資源・財政的資源の観点で課題を抱えていることが多く、上下水道事業の持続可能な運営に重点を置いた官民連携事業の導入が求められる傾向がある。
　小規模事業体は、事業規模が小さく、官民連携事業を計画しても、民間企業の参入が見込めない場合や事業体内で官民連携事業の導入の検討体制を構築するこ

とが難しい場合もあることから、官民連携の検討と並行して、近隣自治体との広域連携や同種業務を抱える事業等とのバンドリングにより事業規模を拡大すること、庁内の検討体制を強化することについても検討が必要となる。

（2）官民連携を進める上での課題

上下水道事業体が官民連携を進める上での課題として、大きく分けて次の5点が考えられる。

1）官民連携についての関係者の適切な理解の醸成

官民連携を進めるためには、関係者が官民連携について適切に理解することが求められる。ここで言う関係者とは、上下水道事業体の職員や議会、市民、民間事業者等のことを指す。市民や議会の民間委託に対する不安等について適切に対応するとともに、民間委託の目的を明確に設定することが重要である。

①民間委託に対する不安等について

上下水道事業で官民連携を行う場合、特に施設の運転維持管理の委託等について、「民間企業に任せて大丈夫なのか」や民間委託によって「上下水道料金が上がるのではないか」という不安を市民が抱くことがある。我が国では、2022年度時点で596の水道事業者等で3,259施設の運転管理に関する委託が行われているなど、多くの上下水道事業で施設の運転維持管理を含む民間委託が行われており、問題なく効率的に運営されている。民間委託への不安や疑問に対しては、水道事業体が適切にモニタリングを行い、その結果を公開し、その内容について市民等に丁寧に説明することが必要だ。

また、第1章第1節で触れたように、現在の上下水道料金は、施設更新費が見込まれていないことや独立採算の原則が守られていないなど、適切な料金水準になっていない場合があり、官民連携の実施とは関係なく、料金を上げることが望ましい場合もある。

株式会社日本経済研究所が2024年3月に一般市民約4,000人を対象に実施したインターネットアンケートでは、「今と変わらない上下水道サービスを受ける

ためには、将来にわたって施設／設備の適切な更新等が必要になってきますが、その備えとして現在の水道料金が値上がりすることを受け入れられますか？」という質問に対して、「値上げは必要で、受け入れる」と回答した人が9.3％、「値上げは困るが、仕方ないと思う」と回答した人が65.9％で、回答者全体の約75％が値上げを許容する姿勢を示している。

このことから、上下水道事業体は、上下水道事業の現状や今後必要となる投資額等から導き出した適切な料金水準について市民にわかりやすく丁寧に説明することで、料金値上げに関する市民の理解をより一層深めることが可能だと考えられる。

②民間委託の目的設定について

官民連携を導入する際には、上下水道事業体が解決をめざす課題を明確にし、その課題を官民で協力して解決する姿勢が求められる。

施設の老朽化による更新費用の増加や人口減少による需要の減少、人員不足などは、上下水道事業者が共通に抱える課題で、これらの解決が官民連携手法の導入の主な目的となることが多い。しかし、VFM（Value for Money）の創出を過度に重視し、上下水道事業体職員の負担軽減による経営業務への人的リソースの集中や新技術導入による水道サービスの安定化や効率化についてあまり重視されていないケースも見受けられる。

我が国の上下水道事業体は、これまで運営改善や職員数の削減などによるコスト削減を行ってきており、民間委託だけではさらなるコスト削減は難しい場合が多い。また、コスト削減だけを目的とした委託の場合、民間事業者の参画がなされないこともあると考えられる。

2）上下水道事業に関する情報整備の必要性

官民連携事業を実施する前段階として、事業内容によっては、委託しようとする業務に関連する施設や設備等の資産に関するデータを適切に整理し、参画を希望する民間事業者に公開する必要がある。

例えば、上下水道事業において、管路の更新を含む業務を委託する場合には、管路の口径や材質、設置年度といった情報が適切に共有される必要がある。

これらの情報は、管路台帳や（施設に関する情報は）施設台帳に記載されている。第1章第1節で述べた通り、水道法の一部を改正する法律（平成30年法律第92号）において、「水道事業者は、水道施設台帳を作成し、これを保管しなければならない」と規定されており、2022年9月30日までに整備を完了する必要があるが、2022年10月1日時点で、水道事業（簡易水道事業を除く）では、約95％の事業者が作成しているのに対し、簡易水道事業では約81％にとどまっている。0.5万人未満の水道事業者の整備状況は約67％（2020年度末時点）にとどまるなど、給水人口が少ない事業者ほど、整備が遅れている状況である。

　また、管路情報の管理状況について、「国土強靱化年次計画2022」において「水道施設平面図のデジタル化率」を2025年度末までに100％に引き上げる目標が掲げられているが、マッピングシステムを整備している水道事業者は全体の約93％（2021年度末時点）となっており、0.5万人未満の水道事業者の整備状況は約76％にとどまり、給水人口が少ない事業者ほど、マッピングシステムの整備が遅れている状況である。

　なお、下水道事業においても、国土交通省から公共下水道の適切な維持管理を推進するため、市町村に対し、公共下水道台帳の適正な整備が行われるよう、要請されている。

　官民連携事業（特に更新工事を含む事業）を検討するにあたっては、これらの台帳整備や電子化を並行して進める必要がある。

3）性能発注への移行

　官民連携事業では、民間事業者の創意工夫を最大限に引き出すために性能発注が採用されることがある。これは、発注者が人員配置や管理方法などの詳細を仕様書に記載して発注する仕様発注とは異なり、受託者が業務を遂行する上で一定の性能（パフォーマンス）を確保し、そのための具体的な業務遂行方法は発注者が規定せず、受託者の裁量に任せる方式を指す。

　仕様発注では、民間の技術力や創意工夫、コスト削減への動機付けが働きづらく、業務の効率化が進行しにくい。我が国の公共事業では、仕様発注による委託が主流だったが、近年は民間委託の効果を最大限に引き出すために性能発注の導入が進んでいる。

水道事業において、厚生労働省の「水道事業における官民連携に関する手引き」では、水道の管理に関する技術的な業務を水道事業者や利用者以外の第三者に委託する制度（第三者委託）を活用する際には、委託の効果をさらに引き出すために性能発注を導入することが推奨されている。
　下水道事業においても、国土交通省から「性能発注の考え方に基づく民間委託のためのガイドライン」が公表され、性能発注を導入することが推奨されている。
　性能発注を導入することで、仕様発注に比べて発注者職員の負担が軽減され、民間事業者の創意工夫やノウハウを活用した効率的な事業遂行が期待できる。
　性能発注を導入する際には、発注者が求めた性能を受託者が確保しているかを適切にモニタリングすることが重要だ。

4）官民対話の適切な実施

　官民連携を行う際には、解決したい課題や導入を検討している事業スキーム、事業範囲や官民のリスク分担などについて、官民で対話を行い、その結果を官民連携事業の検討に反映することが重要となる。官民で対話を行う方法としては、公募前のサウンディングの実施や官民での勉強会の開催などがある。近年、民間事業者も人材採用に苦労しており、受託能力には限界がある。そのため、対話により明らかになった民間事業者の意見を検討内容に反映することで、該当事業への民間事業者の参入可能性を高めることが期待できる。
　また、上下水道事業では、緊急対応などに地元企業（管工事組合など）の関与が不可欠なため、官民連携事業の導入を検討する段階で、これらの地元企業との意見交換や公募条件上の取り扱いについて検討することも重要だ。公募条件上の取り扱いについては、具体的には、公募で地元企業とSPC（Special Purpose Company）を組む民間事業者を選定するなど、必ず地元企業が該当事業に参画できるように規定するといった方法もある。

5）リスク分担の適切な設定

　官民連携事業に参入する際、民間事業者は公募条件として示される官民のリスク分担が適切に設定されているかを重視する。官民連携事業におけるリスクと

は、「協定等の締結の時点では、選定事業の事業期間中に発生する可能性のある事故、需要の変動、天災、物価の上昇等の経済状況の変化等一切の事由を正確には予測し得ず、これらの事由が顕在化した場合、事業に要する支出または事業から得られる収入に影響を受けることがある。選定事業の実施にあたり、協定等の締結の時点ではその影響を正確には想定できないこのような不確実性のある事由によって、損失が発生する可能性」のことを指す（内閣府「PFI事業におけるリスク分担等に関するガイドライン」）。

官民連携事業において、リスクの負担者は、「契約当事者のうち、個々のリスクを最も適切に対処できる者が当該リスクの責任を負う」という考え方に基づき設定される。リスク分担の検討にあたっては、リスクが事業ごとに異なるものであり、個々の事業に即してその内容を評価し検討すべきことが基本となることに留意する必要がある。

リスクを民間事業者に負担させることにより、民間事業者はリスク回避のために保険に加入する等の対応策を講じることになるが、その費用が結果として発注者の支払う対価に上乗せされることとなり、公共の支出は増加する。ただし、公共でリスクを負担する場合より安価であればVFMの向上に繋がる。一方で、民間事業者への過度なリスク負担を定めることはVFMの低下に繋がる恐れがあることに留意する必要がある。

なお、物価変動リスクについては、内閣府から2024年1月に発出された「PPP/PFI事業における物価変動の影響への対応について」という通知にて、「労務費、原材料費、エネルギーコスト等の取引価格を契約金額に適正に反映するため、PPP/PFI事業の契約締結後において、受注者から協議の申し出があった場合には適切に協議に応じること等により、状況に応じた必要な契約変更を実施するなど、適切な対応を図るようにお願いします」と記載されており、昨今の資源価格の高騰等を踏まえて、契約締結後でも民間事業者からの協議に応じるようにとされている。

第2章
各国における上下水道事業及びPPP/PFIの活用動向

第2章 各国における上下水道事業及びPPP/PFIの活用動向

　第2章では、海外5カ国、英国、フランス、アメリカ、オーストラリア、韓国における上下水道の概況、各国におけるPPP/PFI導入状況を確認するとともに、上下水道事業において特徴的な取り組みを取り上げた。特に、我が国でのPPP活用の参考となり得る取り組みを中心に取り上げていく。

1 英国における上下水道事業

本節では現在民営化されている英国の上下水道事業における過去の経緯や、PFIからPF2への流れ、第三者の規制機関の機能や効果等について述べる。

(1) 上下水道事業の概況

1) 英国の上下水道事業の民営化までの経緯

　英国(本書ではイングランド及びウェールズを指す)では、19世紀から公共による上水道の整備がスタートし、1973年に水法(Water Act)が制定され、約1,600存在した上下水道事業が水系ごとの10地域に統合され、公社が設立された(1974年)。公社は水利用を一元的に管理する権限をもち、公社理事会のメンバーの大多数は地方自治体から選任され、政府の監督下にある公営事業体として運営されていた。

　1980年代に入ると、保守党政権による電力、石炭、空港、鉄鋼などの主要な国有産業の民間への開放が進み、上下水道についても環境省が民間への売却の可能性を検討し多くの議論が交わされた。1989年に民営化法が制定され、同年11月に10の水管理公社は完全に民営化された。この際に議論となった環境規制・料金規制権限は民間に移行せず、水道事業規制局(Ofwat：The Water Services Regulation Authority)、飲料水監察局(DWI：Drinking Water Inspectorate)、環境・食糧・農村地域省(Defra)に移管された。さらに、消費者団体としての性格をもつ水道消費者協議会(Consumer Council for Water)が2005年に設立され、民営化後の規制監督を担当する体制が整った。

第2章
各国における上下水道事業及びPPP/PFIの活用動向

図表2-1　英国上下水道事業の歴史的経緯・関連法の変遷

19世紀	産業革命に伴う急激な水需要が拡大するも、汚水処理が行われずに水質悪化が深刻化し、近代水道の整備の必要性が高まる。
20世紀	初めの頃は、2,000を超える水道事業者が存在。
1945年	Water Act 1945（水法）制定により、小規模な水道事業者の統合・再編が進められる。
1973年	Water Act 1973制定。施行により、当時1,600存在した水道事業体（水道／地方公営157、民営30、下水道／地方公営1,364、事務組合24、大ロンドン県シティ）は主要河川流域等をベースとして大きく10地域に再編され、それぞれの地域を所管する「Regional Water Authorities（RWAs；水管理公社）」が1974年に設立される。
1983年	Water Act 1983制定。公社の組織構造が変更され、公社の理事会の代表理事が自治体から民間中心になり、ガバナンス強化や消費者重視の法改正が実施された。
1989年	Water Act 1989制定。立法の主要な目的は水道事業の民営化。当初、政府からは水道事業については地域独占性から競争原理が働きにくいため、民営化の適用除外が方針として打ち出されていた。しかしながら、最大公社であったThamesがこれまでの財政制約等から民営化を支持したことで、すべての水管理公社や水道会社の株式が売却され、民営化に至った。市民から、サービス水準の低下が懸念されていたが、サービス水準の維持及び効率化を担保する規制を明確に定めることで実現（3つの規制機関[DWI・Ofwat・CCWater]を設置）。なお水管理公社10社の株式売却により、英国政府は52億2,500万ポンドの収入を獲得している。
1991年	水に関連する各種法律を統合し、Water Industry Act（水道産業法）、Water Resources Act（水資源法）水社法、下水法、Water Consolidation Act（水統合法）が制定される。
1999年	Water Industry Act 1999制定。 主な改正点は、3点。①料金未納の水道利用者に対して、水道事業者が有する給水停止権限を廃止、②水道事業者が各水道利用者に対して強制的にメーター設置をできる権限を限定、③Ofwat長官に対し、水道事業者が提案する水道料金体系を承認する権限を付与。
2002年	Enterprise Act 2002（企業法）は、1991年水道産業法を改正し、水道事業者間の特定の合併を競争委員会（現CMA）に強制照会する制度を更新。
2003年	Water Act 2003制定。取水許可の枠組みを改正し、DWIの権限を拡大。
2014年	Water Act 2014制定。非世帯顧客（英国の水道会社の顧客に限定）に対する競争強化を可能にし、料金や料金制度に関する規則を制定する新たな権限をOfwatに与え、洪水保険や排水委員会に関する規定も設けた。

図表2-2　英国における上下水道事業の規制監督

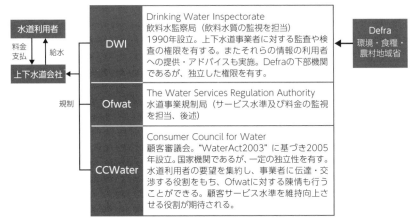

出典：Water guide.org.uk "Water Industry Regulators"
Department for Environment Food & Rural Affairs (2015) "Consumer Council for Water Framework Document" より筆者作成

2）英国の上下水道事業概況と料金水準

　1989年の上下水道民営化により、2023年時点、上下水道会社11社と地域水道会社5社、その他小規模の地域上下水道事業者5社が、Ofwatウェブサイトより確認できる（図表2-3）。

　民営化後の上下水道の料金は上昇傾向にある。特に2000年までの水道料金が急激に上昇したのは、公社時代に先送りされていた更新投資やEUの新環境規制への対応投資が一気に行われたからだと考えられる。その後、料金は一時的に下がったが、さらにその後の約10年間でも上昇し続けている。なお現在も上昇傾向は続いているが上昇幅は緩やかとなっている（図表2-4参照）。

　英国の平均上下水道料金は年間448ポンド（2023年4月～2024年3月）で、微増傾向にある。請求は通常、半年ごとや1年ごとなどまとめて行われる。

第2章
各国における上下水道事業及びPPP/PFIの活用動向

図表2-3　英国上下水道事業者

上下水道会社	信用格付け
①Anglian Water	Baa1
②Dwr Cymru Cyfyngedig (Welsh Water)	A3
③Hafren Dyfrdwy	—
④Northumbrian Water	Baa1
⑤Severn Trent Water	Baa1
⑥South West Water	—
⑦Southern Water	Baa3
⑧Thames Water	Baa2
⑨United Utilities Water	A3
⑩Wessex Water	Baa1
⑪Yorkshire Water	Baa2

※地図上には信用格付けの維持が免除されている事業者も含まれる

水道会社	信用格付け
⑫Affinity Water	Baa1
⑬Portsmouth Water	Baa1
⑭South East Water	Baa2
⑮South Staffs Water	Baa2
⑯SES Water	Baa2

地域上下水道会社
Albion Water
Independent Water Networks
SSE Water（LSE上場）
Leep Water Networks Limited
Veolia Water Projects Limited

出典：Ofwat HP及び、Monitoring financial resilience report 2020-21

図表2-4　上下水道料金の推移

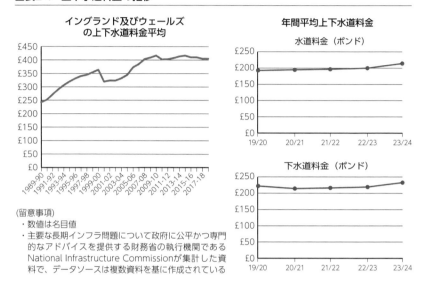

（留意事項）
・数値は名目値
・主要な長期インフラ問題について政府に公平かつ専門的なアドバイスを提供する財務省の執行機関であるNational Infrastructure Commissionが集計した資料で、データソースは複数資料を基に作成されている

出典：Curation of Historical Infrastructure data Water&wastewater

（2）PPP/PFI の活用動向

1）英国 PFI 導入背景（事業創生期）

　英国でのPFI（Private Finance Initiative）の導入は1992年に遡り、我が国のPFI法（1999年成立）はこれを参考にしている。英国のPFIは、政府による一連の規制緩和の流れの中で、国有企業の民営化や公共サービスの外部委託が進行していた時期に、公共事業への民間資金の活用という政府の方針が明示され、事業効率の改善をめざす手段として導入された。

　導入にあたっては財務省が主導して推進体制や関連制度の整備・改善に取り組んできたが、2016年1月には財務省内に設置されたIUK（Infrastructure UK）と内閣府にあったMPA（Major Project Authority）が合併して設立されたIPA（Infrastructure and Projects Authority）が、現在は主導して進めている。

第2章
各国における上下水道事業及びPPP/PFIの活用動向

　なお、2012年にはPFIの後継手法であるPF2（Private Finance2、後述参照）が導入されたが、現在では新たなPFI案件はほとんど見られなくなっている。しかし、2021年3月時点では約700件近いPFI事業が存在し、プロジェクト資金の総額は547億ポンドに上る（図表2-6参照）。また、PFIの導入がほぼ見られなくなった2015年3月までの間には、PFI案件数は722件、プロジェクト資金の総額は約577億ポンドに達していた。

図表2-5　英国の PFI 契約数と資金総額

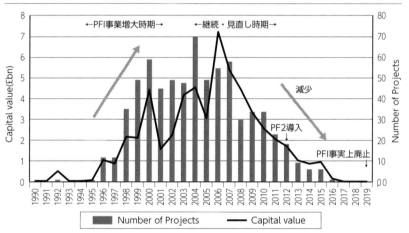

出典：Review of PFI (Public/Private/Partnerships) Summary and Conclusion

図表2-6　英国セクター別・発注者別におけるPFIプロジェクト数

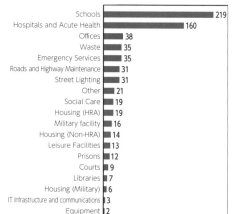

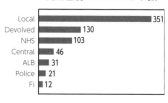

出典：HMTreasury "Private Finance Initiative and Private Finance 2 projects: 2019-21 summary data"

2）PFI事業の課題とPF2の導入

　英国のPFIは、導入から約20年間で学校や病院を中心に広まったが、リーマンショックや欧州金融危機をきっかけに資金調達コストが上昇し、事業自体の問題点が浮き彫りになった。これを受けて、財務省はPFIを見直し、2012年に新たな形態であるPF2のスキームを公開した。

　PF2導入の具体的な背景としては、英国下院財務委員会が報告書でPFIの問題点を指摘し、根本的な改革を求めたことにある。

- 政府借入（長期国債平均金利4%）に比し、資金調達コスト（平均8%）が高いこと
- 高い資金調達コストを補う経費削減やその他の面（施設のデザインやクオリティ等）での利点も見出されない
- PFIの負債の大半が政府の負債や赤字として表面化していない
- PFI事業では、参入障壁が高いため、非競争的な市場となっている
- 現行のVFM評価は恣意的操作の可能性あり

特に、病院 PFI 事業の不振は PFI に対する世間の不信感を増大させ、金融危機による資金調達の難しさと相まって、英国の PFI 事業数は減少傾向にあった。

このような中、PFI 事業から得られる利益の公共部門への分配方法や、対象事業範囲の見直し、VFM (Value for Money) の最大化をめざすための新たなアプローチが検討され、2012年12月に財務大臣が PFI 改革としてPF2を公開した。

PF2 では公共部門の関与を強化する目的で、公的機関が少数株主として参加している。これは案件に直接関与するというよりも、取締役会に参加することで情報を直接収集することを重視している。

図表2-7　PF2における主な改正点

政府の関与の強化	・政府のSPC出資比率を拡大し、30〜49%の株式保有者となるようにすることで官民のパートナーシップを強化する ・経営陣に政府関係者を入れ、政府の意向をPFI事業に反映しやすくする
株主資本比率の向上	・事業の資本構造において、従前の負債・資本比率が90:10と借入に依存していたが、自己資本の割合を高める（資本の割合を20〜25%に引き上げ）ことで金融機関からのシニアローンを増やす※
調達手続きの短縮化	・原則18カ月以内に短縮（←従前の入札期間の制限はないが、平均35カ月） ・標準化された手続き及び書類の導入 ・調達手続き前の財務省によるチェック ・プログラムごとに所管省庁内に調達ユニットを置くことを推奨
柔軟なサービス供給	・清掃やケータリング等のソフトサービスの事業期間内でのサービス水準の変更が難しかったことから、PFIの事業範囲から除外
透明性の向上	・政府が出資した全PFI事業について、事業と財務情報の詳細を年次報告書で公表
リスク分担の変更	・法令変更リスクや土壌汚染リスクの取り扱いに関し、従前のPFIでは公共負担であったものを民間に移転
政府機関のキャパシティビルディング	・財務省内に置かれるIUKの役割強化 ・内閣府が必要な能力や技術開発のための能力開発5カ年計画を策定 ・主要プロジェクトリーダーシップアカデミー（MPLA）で主要プロジェクトに関与する幹部職員の訓練を行い、将来的にはMPLAのプログラム完了を政府の主要プロジェクトへの参加要件とする

図表2-8　PF2とPFIの比較

	PF2	PFI
財務：資本	・公共機関が、少数株主（10%程度）として参画する ・株式の一部は、優先入札者が条件を提示する	・ほとんどのPFI事業の株式保有者は、民間セクターである ・すべての株式は、指名優先入札者に割り当てられる
財務：借入	・銀行借入だけに依存しない金融ソリューションを進める（調達先を公共が指定するアグリゲータモデルを採用することがある） ・資本構造は、資本：負債＝20：80	・2008年から、事実上すべての借入は銀行から調達されてきた ・資本：負債＝10：90
公共調達	・事業の入札段階では、18カ月を超えてはならない（例外を認められた場合を除く） ・プロジェクト公示前に事前の調達チェック・プロセスを追加	・入札段階における期限がない（最長60カ月の事業もあった）
サービス	・清掃やケータリング等のソフトサービスは契約対象から除く ・標準化されたアウトプット仕様書を事業に導入した	・ソフトサービスはほとんどのPFI事業契約で含まれていた ・アウトプット仕様書は対象事業に基づき事業ごとにデザインされた
透明性	・PF2事業にコントロール・トータルを導入する ・財務省が民間事業者の株式投資収益を公表する ・事業計画（business case）承認情報が導入される	・PFIの債務評価は、政府全体の財務諸表において2011年7月から公表されている、しかしながら支出コントロールは含まれない ・民間セクターの会社財務の情報は毎期の決算書のみから入手可能 ・事業計画（business case）の情報は公表されない
リスク分担	・PFIと比べ、公共セクターのリスク負担が増える	・法制度変更等のリスクは民間セクターが負う

出典：IPA「The UK PPP Programme: Lessons from PFI History and the New PF2 Model」（2013年）

　PF2はPFIを置き換えるものではなく、プロジェクトごとに使い分けが可能だった。しかし、PF2の導入事例は数件しかなく、社会的な普及は見られなかった。さらに、従来のPFIプロジェクトの減少もあり、2019年以降は新たなPFIは実質的に行われていない。

3）英国 PFI 後

　PF2 の導入が始まった 2012年以降も、PFI 事業の数は減り続け、PF2 の事業総数は数件程度にとどまった。

　そのような中、2018年1月には、多くの公共事業や PFI 事業を手掛けていた英国の大手建設会社、Carillion Plc.が 16億円の負債を抱えて倒産した。同年、Carillion Plc.の清算を受けて、会計検査院（NAO；National Audit Office）が官民連携事業のレビューレポートとして"PFI and PF2"を作成し、過去の PFI 事業の分析を行い、PFI や PF2 の理論的根拠や費用便益、その運用と影響等を整理した。

　同年6月には下院決算委員会（House of Commons Committee of Public Accounts）が、PF2 による PFI 改革が限定的だったことを"Private Finance Initiatives"にて指摘、同年10月には、財務大臣の演説により「PFI や PF2 は柔軟性に欠け、過度に複雑で、政府にとって重大な財政リスクの原因になると考えられるため、新たなプロジェクトには当該手法を利用しない」と公表し、英国における PFI の事実上廃止が決定された。

　英国では新たな PFI 導入は停止しているが、既存の PFI 契約は有効であり、今後 2025年以降に 646 件の PFI 契約が失効する（図表2-9参照）。既存の PFI や PF2 契約を終了させない理由として、契約当局事由による契約終了の場合の補償費用が高額であることを挙げており、その代わりに政府は、IPA が運営する PFI 契約管理プログラムとして PFI センター・オブ・エクセレンスを設置し、契約当局が PFIや PF2 契約を効果的に管理し、事業価値を最大化するための支援を講じている。

　2019年3月に財務省と IPA が "IFR（Infrastructure Finance Review）"（最新版は 2020年11月）を通じて PFI/PF2 廃止後の民間のインフラ投資に関する見直し方針を公表した。

　IFR ではインフラ投資分野における民間資金の重要性が示されており、金融やインフラの専門家を対象に、英国のインフラ・ファイナンス市場の現状と欧州投資銀行の役割、政府や独立規制機関が投資の促進を支援する方法、インフラ・ファイナンスの将来的な課題の可能性、インフラ・ファイナンスを支援するための英国の制度的枠組みのパフォーマンスと改善の可能性について協議されている。

図表2-9　2050年までに契約が失効するPFI契約数の推移

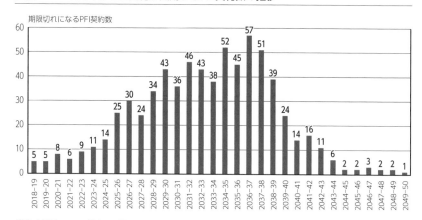

出典：HMTreasury "Private Finance Initiative and Private Finance 2 projects: 2019-21 summary data"
https://www.nao.org.uk/wp-content/uploads/2020/06/Managing-PFI-assets-and-services-as-contracts-end.pdf

　英国の財務省は2020年に公表したインフラ整備の重要性に関する国家インフラ戦略（National Infrastructure Strategy）で、以前の民間資金の活用（PFIとPF2）を再度導入しないことを明確にしつつも、インフラ整備における民間企業の役割が引き続き重要だと述べ、民間投資の支援策を示している。

　この国家インフラ戦略の一部として、2021年6月には、公共投資と並行して民間投資を促進する目的で、英国政府が設立した政策銀行である英国インフラ銀行（UKIB：UK Infrastructure Bank）が立ち上げられた。これはまた、英国がEUを離脱したことにより、欧州投資銀行（EIB：European Investment Bank）の活動の一部を補完する役割も担っている。

　UKIBは、120億ポンドの資本（自己資本と負債資本）、そして100億ポンドの政府保証を合わせた合計220億ポンドの財務能力（財務省からの資金提供）をもち、支援の方法としては、民間セクターへの資金調達（出資、融資保証）や地方公共団体への融資、アドバイスを主に行っており、開設から1年で6億1,000万ポンド相当の7案件が成立し、42億ポンド以上の民間資金を動かしている。

figure 2-10 英国インフラ銀行（UKIB）の概要

ミッション	民間セクターと地方自治体に対して、下記2点の目的を達成するためのインフラ投資を増やす ・気候変動への取り組み支援（特に2050年までの政府の排出目標ネット・ゼロへの適合） ・よりよい繋がり、新たな雇用機会、高いレベルの生産性を通じて地域と地域経済の成長の支援
運営原則	投資の際に順守すべき3つの最低基準 ・気候変動と地域の成長政策目標の達成 ・プラスの財務収益（自己資本利益率2.5～4％） ・民間投資の促進 影響力と信頼性 － UKIB は社会に最大の影響を与えることを目的として投資を選択する必要がある。 パートナーシップ － UKIB はインフラ投資を促進し、増加させるために民間及び公共部門の利害関係者と協力する。 運営上の独立性 － UKIB は財務省によって完全所有され支援されているが、日常の活動において運営上の独立性を有する。 柔軟性 － UKIB は、潜在的な投資のそれぞれに対して柔軟でカスタマイズされたアプローチを実証する必要がある。
投資原則	1　地域及び地域の経済成長の促進、または気候変動への取り組み支援。 2　インフラストラクチャ資産やネットワーク、あるいは新しいインフラ技術の場合。UKIB は多様な分野を対象とするが、特にクリーンエネルギー、交通、デジタル、水、廃棄物を優先する。 3　UKIB の財務枠組みに沿って、プラスの財務利益をもたらすことを目的としている。 4　時間の経過とともに多額の民間資本の流入が想定される場合。 ※民間部門のプロジェクトは上記4つの投資原則を満たす必要があり、地方自治体のプロジェクトの場合は最初の3つを満たす必要がある。
重点インフラ	・クリーンエネルギー、交通、デジタル、ゴミ、水。 ・中でもクリーンエネルギーは最大の分野。ゴミと水については、投資機会が小さいことから、優先度が低い分野。

出典：UK Infrastructure Bank Limited Annual Report and Accounts 2021・2022より抜粋

(3) Ofwat の概要及び近年の主要な取り組み

1) Ofwat の概要と Price Review

　Ofwat（The Water Services Regulation Authority）は、1989年に設立され、水道料金とサービス水準に係る規制機関である。上下水道事業者は独占企業で競争が限られているため、Ofwatは適切な料金とサービスの提供を監視する役割を果たしている。

　当該機関は政府からは独立しているが、政府が発表する水道関連施策の遂行や、様々な規制の枠組みにおけるモニタリングを行っている。特に、5年に1度実施されるプライスレビュー（PR：Price Review）では、水道事業会社が設定する水道料金の上限規制を設定するなど、強大な権限をもっている。その結果、水道事業会社は設定された上限値の範囲内でのみ料金の見直しが可能となっている。

　Ofwatは規制機関として、水道事業に対する高い専門性をもっており、業界関係者からは一定の評価を受けている。職員はおおむね200名で、ファイナンス、会計、法務、技術、エコノミスト、政策などの各分野の専門家で構成されている。設立当初はすべて公務員で構成され、役員には学識経験者も含まれていたが、設立後30年を経て、現在は実務家が多数を占める構成となっている。

　Ofwatの運営費は、主に上下水道事業者に課されるライセンスフィーにより資金調達されている。

　2023年時点で最新レビューとなるPR19では、規制による望ましい水準のサービスと料金をめざした水道事業者へのインセンティブとペナルティの設定が行われている。また、過去のレビューを見ると、PR14では、平均約5％の値下げが行われ、利用者への還元も行われている。さらに経営効率が高い上位1/4社の原価が標準的な料金原価とされ、上位1/4に入らない事業会社は、生産性・効率性を改善できなければ、その分の損失が出てしまう仕組みとすることで業界全体のレベルの維持と向上を図り、地域独占による効率性の停滞を防いでいる。なお、期中の水道事業者のパフォーマンスが良い場合の評価は、次回のプライスレビューにおいて水道料金を高く設定できるため、事業の効率化やサービス向上へのインセンティブが働くように設計されている。さらに、従来、公社時代に実施

されていなかった更新投資を進めるため、資本的経費を重視した費用計算をしていたものを、PR14では資本経費・運営経費を合わせた総費用を重視する枠組みに変更された。Ofwatによるインセンティブはプライスレビューにおける料金の上限値引き上げに繋がるとともにペナルティは罰金などが設定されており、最悪の場合はライセンスの取り消しもある。

図表2-11　Price Reviewの流れ（PR19）

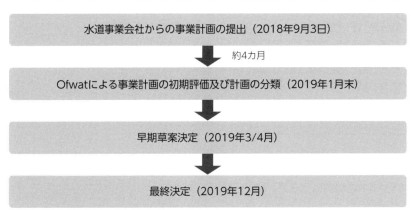

※事業計画提出から最終決定まで約1年3カ月
出典：https://www.discoverwater.co.uk/annual-bill

2) Ofwat による規制の枠組み

Ofwatの規制の特徴として、リスク管理とKPIによる動機づけが挙げられる。各水道会社は顧客への説明責任の一環として「リスク及び規制順守に関する報告書（Risk and compliance statement）」を作成することが求められており、顧客に対して、運営上のリスクの説明と規制に従った運営を実施していることを示すものとなる。

また、重要業績評価指標（KPI：Key Performance Indicators）も各水道会社で設定されていて、これは顧客や投資家に対する透明性の高い情報公開を促すためのものであり、年に1度の公表が義務付けられているが、各社の判断により、年に2度以上のKPIやそれ以外の指標の公表も可能となっている。

指標はその性質に応じて顧客満足度、財務、信頼性及び利便性、環境影響の4つの分野に分けられ、それぞれ項目が設定されている（図表2-12参照）。

図表2-12 KPI 指標

顧客満足度	環境影響
・Service incentive mechanism(SIM)	・温室効果ガス
・下水の氾濫	・汚染事故（下水）
・断水	・重大な汚染事故（下水）
信頼性及び利便性	・排水規制の順守
・水道インフラ（ハード面）の信頼性	・汚泥処分
・水道インフラ（ソフト面）の信頼性	**財務**
・下水道インフラ（ハード面）の信頼性	・税引後資本収益率
・下水道インフラ（ソフト面）の信頼性	・信用格付け
・漏水	・資金調達力
・安全な水道供給の指標	・利子負担率

出典：Ofwat "Key indicators－guidance"（2013/4/29）

3）PR24における Ofwat の取り組み
①パフォーマンス・コミットメント・レベルの設定

　2025年から2030年の間のサービスレベルと料金上限を設定するPR24は、主な目標として長期的視野をもつこと、より大きな環境的・社会的価値を提供すること、顧客とコミュニティの理解をより深く反映すること、効率とイノベーションを通じて改善を推進することを掲げている。

　具体的な指標目標としては、資本収益率は3.53％が許容水準とされ、事業計画でめざす信用格付けは少なくともBBB＋/Baa1とすることが期待されている。また、23の共通パフォーマンス・コミットメント（PC）を設定する予定で、これらは顧客サービス、環境、資産の健全性に重点を置いたもので、法人顧客の成果向上を促す新たな指標を含んでいる。特定の地域の問題に対処したり、特定の企業に改善の必要な事項がある場合などは、その企業がパフォーマンス・コミットメントを提案することが可能だが、可能な限り各社で同じパフォーマンス・コミットメント・レベル（PCL）を設定することで、すべての顧客が同じレベルの

サービスを受けることができる。

　実際にパフォーマンス・コミットメント・レベルを下回った場合には顧客が支払を受け、上回った場合には企業が支払を受けるという、成果に連動するアウトカム・デリバリー・インセンティブ（ODI）が付与される。

②強化インセンティブ・環境指標の設定
　強化インセンティブはPR19の時点で導入され、一部の指標について大幅なパフォーマンス改善を実現するためのイノベーションを各社に奨励するものである。これにより、将来のプライスレビューでより柔軟なパフォーマンス・コミットメント・レベルを設定することが可能になる。強化インセンティブはパフォーマンス・コミットメント・レベルを超えたときのみに適用され、一部の指標（例えば漏水率、1人当たり消費量）については上限値が設けられている。一方、これを下回った場合に当たる強化ペナルティに対する支払は発生しない。

　PR24の強化インセンティブ率は標準インセンティブ率の2倍に設定されており、例えば2021/22年の成果に連動するアウトカム・デリバリー・インセンティブに対するパフォーマンス結果に基づく2023/24年の価格調整結果は、業界平均でマイナス491.7万ポンドとなっており、これが当年度の請求金額に反映される。

図表2-13 強化インセンティブのイメージ例

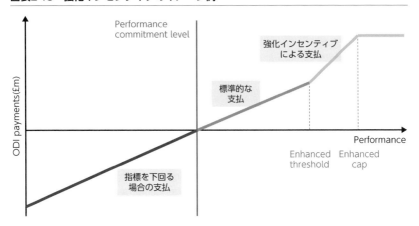

出典：PR24 Appendix8-outcome delivery incentives

　また、PR24の共通パフォーマンス・コミットメントでは、環境指標の範囲を拡大しており、具体的には、河川などの水質や生物多様性に関する新たな環境項目を設定している。顧客満足度指標（C-MeX）に付随するインセンティブ範囲を拡大し、漏水などに関するパフォーマンス・コミットメントも設定。これらに加え、水の効率化に対する様々な開発を奨励するため、最大1億ポンドの新たな基金を創設している。

　一部のパフォーマンス・コミットメントには標準のインセンティブ率に加えて、強化されたインセンティブ（給水中断、漏水、1人当たり消費量、下水道内外の氾濫と汚染）を付与し、当該インセンティブは業績を上回った場合にのみ適用されることから、強いインセンティブに繋がっている。

第2章 各国における上下水道事業及びPPP/PFIの活用動向

図表2-14 パフォーマンス・コミットメント（指標）

	上下水道	上水道	下水道
顧客	・C-MeX（顧客の満足度評価） ・D-MeX（開発者サービスの満足度評価） ・<u>BR-MeX（ビジネス顧客及び小売の満足度評価）</u>	・給水中断 ・コンプライアンスリスク指標 ・水質に関する顧客からの問い合わせ	・下水道内外の氾濫
環境	・<u>生物多様性</u> ・排出許可への準拠 ・<u>深刻な汚染事故</u>	・漏水 ・1人当たり消費量 ・ビジネス需要 ・事業活動上の温室効果ガス排出量	・公害発生件数 ・海水浴場の水質 ・河川水質（リン） ・嵐によるオーバーフロー ・事業活動上の温室効果ガス排出量
資産健全性		・主要な修繕 ・計画外停電	・下水管の崩壊

※下線はPR24に追加される新たな指標
出典：https://www.ofwat.gov.uk/regulated-companies/company-obligations/customer-experience/

第2章　各国における上下水道事業及びPPP/PFIの活用動向

2　フランスにおける上下水道事業

本節では、フランスの上下水道事業の概況、PPPの活用状況について整理し、事業評価の方法等の特徴的な取り組みを取り上げた。

（1）上下水道事業の概況

1）フランスにおける上下水道事業

　フランスの上下水道事業は、地方自治体が供給責任をもつ一方、運営は公共部門でも民間でも可能であり、その選択は地方自治体が決定する。

　2015年のデータによると、上下水道事業の供給者の中で、水道は約65%、下水道は約50%が民間水道会社による運営で、その大部分はVeolia、SUEZ、Saurの3社が担っている。

図表2-15　フランス上下水道事業民間委託割合

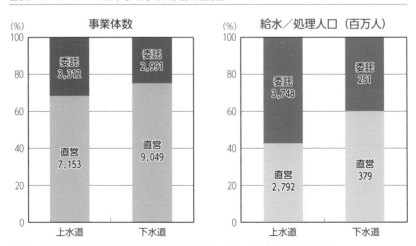

出典：OFB Observatoire des Services publics d'eau et d'assainissement

フランスの地方自治体はレジョン、デパルトマン、コミューンに分けられ、コミューン（市町村に相当）の数は約3万6,600に上る。1980年代に地方自治の権限に関する法律が制定され、地方分権が進んだ。コミューンは通常、行政サービスの効率化などを目的として広域行政体のコミューン間協力型広域行政組織（EPCI）を組成し、自治を行っており、複数の市町村が協力して、約2万9,000の上下水道広域事業体が運営を行っている。

2）フランスにおける水道事業の枠組み（監視組織）

　フランスでは、EU（規制、専門家の評価と総合管理）、全国と地方（資金供与と監視組織）の各レベルの組織が上下水道事業を監視する体制が整っている。環境・持続可能開発・エネルギー省は上下水道供給を保証し、環境保全と消費者保護の基準を設定し、政策的なガイドラインを作成する役割を担っている。さらに、水・水生環境庁は水の状態や水生環境の生態学的機能をモニタリングし、上下水道事業を監視している。

　コミューンレベルでは、主要な流域における水機構が市町村への資金供与と投資支援を行い、レジョンとデパルトマンレベルでは予算管理を中心とした監督を行っている。利用者の相談については、消費者協会と環境保護団体が地方公共サービス諮問委員会（CCCSL）として設けられている。

図表2-16　フランスにおける上下水道事業関係組織

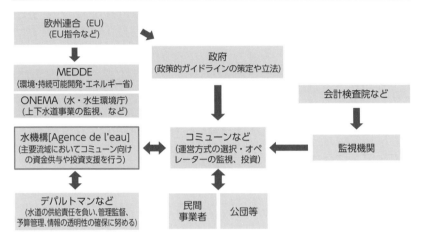

出典：BIPE(2012・2015)「Les services publics d'eau et d'assainissement en France」を基に筆者作成

　国の機関である水機構（Agence de l'eau）は、国内の主要な6つの流域に設置され、汚染の軽減や水資源と水生環境の保全・回復をめざして、管理下の水道事業を監視している。さらに、水機構は利用者の負担原則に基づき、利用者から徴収される環境税を水道料金として資金源にし、上下水道事業に関連するインフラ整備などに対する補助金の交付を管理している。

図表2-17 水機構の経済的支援の内訳

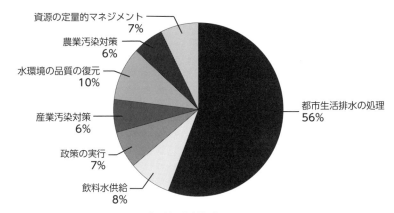

出典：Agence de l'eauホームページを基に筆者作成

3）上下水道料金

　フランスの上下水道の料金設定は、取水から浄水、そして再び自然環境へ戻すまでの全過程にかかる費用、投資、運営費をすべて含めた設定としている。

　近年では、消費者の節水意識の高まりを反映し、有収水量は減少傾向にある。一方で、人口は年率0.4％のペースで増加しているが、その増加率と水使用量の増加率は必ずしも一致していない。上水道の供給量は39億㎥、下水道の収集量は32億㎥で、そのうち上水道の約66％、下水道の約53％は民間によって供給・収集されている（いずれも2013年の数値：図表2-18参照）。

　フランスの5大都市の平均的な上下水道の料金は3.52ユーロ/㎥であり、他のインフラ価格と同様に、料金は上昇傾向にある。料金の内訳は、全体の40％が上水道、46％が下水道、14％が諸税という配分になっている。

図表2-18　上下水道の水量の推移

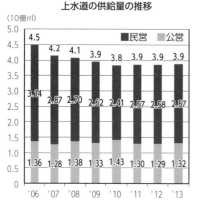
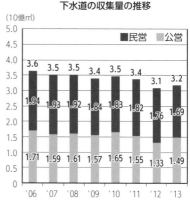

出典：BIPE "Les services publics d'eau et d'assainissement en France, Sixième édition Octobre 2015"

図表2-19　上下水道料金の内訳

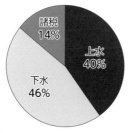

・上水：水道事業（給水と配水）に係る料金
・下水：下水道事業（汚水の収集・浄化）に係る料金
・諸税：VAT（消費税5.5%）は請求額全体に対して課される。Water Agency（水管理庁）に支払う費用を含む

出典：BIPE "Les services publics d'eau et d'assainissement en France, Sixième édition Octobre 2015"

　また、上下水道料金は地方自治体の議会を通じて決められていて、水源の汚染状況等により地域ごとに料金が違うため、1㎥当たり2.0ユーロから6.2ユーロという幅がある（図表2-20参照）。特に、フランスでは汚染源の大部分が農業（硝酸塩由来）によるもので、この汚染が料金の格差を大きくしている。

図表2-20 デパルトマン別に見た上下水道料金

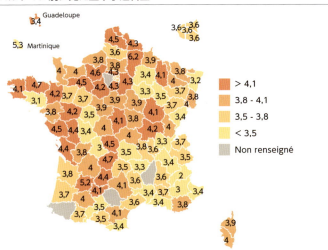

出典：BIPE "Les services publics d'eau et d'assainissement en France, Sixième édition Octobre 2015"

（2）PPPの活用動向

1）フランスの官民連携導入経緯

フランスでは、公共事業の民間への委託が歴史的に早い段階から行われてきた。水道事業に関しては、1853年にリヨン市が99年間の水道整備事業運営を委託したことが起源とされている。また、鉄道や道路などの分野でも民間事業者への委託が行われてきた。

フランスの官民連携には、「公役務の委任（DSP:Délégation de Service Public）」と呼ばれる利用料金の収受によるコンセッションやアフェルマージュ、そして近年英国のPFI手法を模倣して導入された設計・建設中心のサービス購入型の契約類型である「官民協働契約（CP：Contrat de Partenariat）」が存在していた。しかし、2016年以降は法令の見直しにより、これらはコンセッション契約として統一されている（詳細は後述）。

公役務の委任（DSP）にはいくつかの分類があるが、その定義などは法令等では明確にされていなかった。しかし、1993年に「汚職の防止並びに経済生活と公的手続きにおける透明性に関する法律（以下、「サパン法」とする）」が制定され、DSPの枠組みが確立された。だが、2014年のEU指令に基づくフランス法への改正により、サパン法からDSPに関する条文は削除され、2016年には新たに工事と役務を一体とした「コンセッション契約」が規定された。公的な規定の見直しが行われたものの、DSPの名称と枠組みは地方公共団体の法文に残っており、DSPの手法は実務上大きく変わっていない。

図表2-21　法律の変更による2016年以降の枠組み

2016年4月1日までの行政契約類型	
コンセッション （設計・建設工事・ファイナンスを伴う） ・公共役務 ・2009/7/15オルドナンスNo2009-864	公役務の委任 -公役務の特許* （建物や施設の設置を必要としない） -アフェルマージュ -レジー・アンテレッセ

2016年4月1日以降の行政契約類型
コンセッション契約　┬　工事（travaux= public works） 　　　　　　　　　　└　役務（services）→公役務の委任

*公役務の特許：鉄道や高速道路、上下水道などの事業を、日本の特殊法人や独立行政法人に相当する公施設法人(établissements publics)や民間企業に委ねる方法。1990年代以降は、この公役務特許が"公役務の委任"に変容して官公庁契約とともに行政契約の2大類型をなしている

出典：Institut de la gestion déléguée (2016) " LES CONTRATS DE CONCESSION" を基に筆者作成

　DSPには、大きく分けてコンセッションとアフェルマージュがある。さらに、より単純な委託に近いレジー・アンテレッセやジェランスも存在する。特に、上下水道事業の領域では、アフェルマージュが最も広く使われている。

コンセッション (concession)
- 委託者が、上下水道、電力、ガス等の供給や鉄道、空港、橋梁、劇場などの施設等の建設、管理及び運営、並びに公共サービスの提供を受託者に行わせる方式。
- 受託者は、委託者との契約において、事業に必要な建物や施設を自ら建設・設置し、一定期間において公共サービスの提供を行い、利用者から直接徴収する利用料金を事業報酬とする。ただし、契約内容に建物や施設等の建設を含まないコンセッション方式も存在する。

アフェルマージュ (affermage)
- 委託者が施設等の建設を行い、受託者が施設等の運営及び管理並びに公共サービスを行う方式。
- コンセッション方式と比較した場合、必要な施設等を委託者が設置するという点が異なる。また、一般的にコンセッション方式より契約期間は短い。
- フランスにおける最近の公役務の委任の多くは、このアフェルマージュ方式で行われている。

レジー・アンテレッセ (régie intéressée)
- 受託者が施設等の運営及び管理を行い、委託者が公共サービスの提供を行う方式。
- コンセッション方式やアフェルマージュ方式と大きく異なる部分は、受託者が得る事業報酬が委託者である地方団体から支払われ、事業活動に伴う収入及び支出も地方団体の会計に帰属する点である。しかし、事業成績に応じて報酬が得られる仕組みも存在する。

ジェランス (gérance)
- レジー・アンテレッセ方式と同様、受託者が施設等の運営及び管理を行い、委託者が公共サービスの提供を行う方式。

- レジー・アンテレッセ方式には受託者が自律的に施設等の小規模な修復や施設維持のための工事を行う裁量とリスクが伴うのに対し、ジェランス方式の場合は、これらの余地がなく、日常的な運営及び管理業務を行うに過ぎない。また、一般的には事業成績に応じた報酬の仕組みはなく、契約書で保証された一定料金または単価に基づき事業報酬を得ることが原則となる。

図表2-22　公役務の委任（DSP）の分類

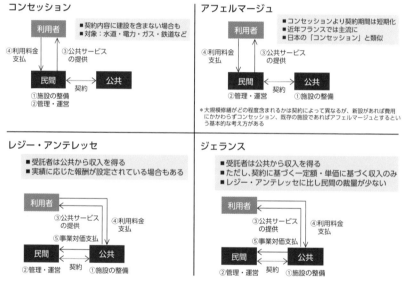

*2016.4.1以降、DSPは「コンセッション」の一種として法律にて分類されたものの、実務的には上図の分類が一般的
出典：EPEC(2012)「France PPP Units and Related Institutional Framework」を基に筆者作成

2）2016年以降のコンセッション契約の概要

　フランスでは、公共サービスは伝統的にDSPにより行われていたが、2016年に工事と役務の委託を一体化したコンセッション契約が規定された。この法律の

見直しにより、公共事業の管理方式は直接管理方式と管理委託方式の2つに統一され、かつてアフェルマージュと呼ばれていたDSP型は管理委託方式に分類されるようになった。

　直接管理方式は、コミューンを中心とした管理で、利益追求が主要な目的ではないことや、訴訟リスクが少ないという利点がある。しかし、自治体の財政リスクやコストは継続的に負担しなければならず、コミューンは民間企業に比べて経験が少なく、イノベーション能力が低いという問題がある。一方、管理委託方式では、民間による最適な技術専門性とイノベーションが期待され、財政上のリスクは事業運営者（民間事業者）に移るが、利益追求が主目的となるリスクも存在する。

　DSPの枠組みは引き続き維持されているが、コンセッション契約として統合され、規定の明確化や一部の変更が行われている。

　例えば契約期間の設定については、その要因となる投資額として、改修更新、インフラ関連費用、著作権料、特許権料、設備投資、ロジスティックス投資、人材研修・募集等が考慮されている。また、契約期間は、5年以上の適切な投資回収・償却期間とされている。ただし、上下水道・廃棄物処理に限り、契約期間は20年以下に制限され、サパン法で認められていた期間延長の規定は削除された。その代わり、契約修正の条件についての規定が追加され、1回の修正における限度額の上限が設定されていたり、受託者が交代する場合など、具体的な契約修正の条件が示されている。

　コンセッション契約の手続きも、法改正時に明確にされている。手続きの流れは、委任の範囲や基本的な原則、内容を定めた後、公募のための事前公告が行われる。競争環境を広げるために公告を行い、応募調書の提出を受け付け、次に候補者リストを作成する。この応募調書を基に、発注者は専門能力・資金能力、利用者の平等確保等が適切に備わっているかを審査し、見積書・提案書提出が可能な候補者リストを作成し、候補者に対して契約条件の詳細等の協議書類を送付する。その後、質問等の機会を経て、提案応札書・見積書の提出を受け付けるが、その際に協議交渉を行うことが可能となっている。交渉の相手は複数でも単独でも構わないという柔軟な交渉可能性が認められているのが特徴である。提案書・見積書の提出を受けた後、地方自治体等の場合は議会の承認を得て、事業者が選

ばれる。
　なお、一部の小規模事業等は、軽減プロセスの採用となり、必要書類や各ステップでの期間が軽減されている。

3）PPP導入支援機関
　フランスでは、2005年に設立されたMAPPP（Mission dáppui aux Partenariats Public-Privé）がPPPの推進体制を担っていたが、2016年にはその機能がFin Infra（The Mission dáppui au financement des infrastructures）に移された。これらの組織は政府の予算により運営され、財務省や経産省の下部組織として位置付けられている。MAPPPはPPPプロジェクトの初期評価を専門に行う機関として設立され、主に設計や建設を中心としたCP契約（官民協働契約）を対象としていた。一方、Fin InfraはDSPやPPP以外の公共調達も対象とし、より広範囲な官民契約を取り扱っている。MAPPPがCP契約を対象とし、プロジェクトの初期段階の評価が主な活動であったのに対し、Fin Infraはプロジェクトの初期段階だけでなく、実施段階も含めた各段階での支援を拡大し、財務面でのアドバイスも強化している。

第2章
各国における上下水道事業及びPPP/PFIの活用動向

図表2-23　PPP導入支援機関

	MAPPP (The Mission d'appui aux Partenariats Public-Privé：PPP支援ミッション)	Fin Infra (The Mission d'appui au financement des infrastructures：インフラファイナンス支援ミッション)
設立年とその経緯	・2005年 ・「2004年PPP法（官民協働契約法）」施行に伴うPPP案件の初期評価を担う専門機関として設立	・2016年 ・MAPPPの権限と体制の強化を企図して設立 ・インフラプロジェクトの経済・法律・財務要素に関する財務省・経済省の専門性をより強化する目的 ・ミッション ・公共インフラ案件の金融面での組成支援 ・VFMの最大化 ・案件ごとの個別リスクの精査と軽減への取り組み
設立根拠法令	「Décret n° 2004-1119 du 19 octobre 2004」	「Décret n° 2016-522 du 27 avril 2016」
評価対象	・政府によるプロジェクトはすべて初期評価が必須。 ・自治体によるプロジェクトはリクエストベース	・政府や自治体からのインフラ投資計画の相談に対応 ・CP（サービス購入型）については法律で義務付けられたVFMの事前評価が正しく行われているかチェック
財源	・政府予算により運営。助言対価等は得ていない	
組織	・財務省・経済省の傘下に位置する"Direction générale du Trésor（国庫総局）"の下部に位置	
	・職員8名（うち公務員6名、民間2名）＋研修生3-4名で構成（2012年時点）	・10名弱。財務（民間出身2名）、法律（民間出身2名）、エンジニアリング（公務員3名）など専門的知識を有する専門家
対象案件	PPPプロジェクト（CPのみを対象）	PPPに限らずインフラ投資計画に係る官民契約全般
対象段階	初期段階	初期段階＋実施段階
業務内容	・CP（英国型サービス購入型PFI）の普及、促進 ・地方自治体や公的主体へのコンサルティング、支援 ・法律面：緊急性、複雑性、効率性（VFM）の3要件いずれかを満たすか（2016年4月施行の新PPP法で緊急性、複雑性要件は削除され、効率性査定のみに） ・経済面：財務・経済分析 ・運営面：費用効率、PPPフォーミュラにのっとった事業完了の合法性 ・プロジェクトの準備、交渉、モニタリング等における公的主体へのサポート（民間アドバイザーの選定やガイドラインの作成等）	・地方自治体や公的主体へのコンサルティング、支援 ・プロジェクト形成初期段階での評価、支援 ・"バンカビリティー"の査定 ・継続案件、リファイナンス、訴訟前段階等も含めた法律面及び財務面でのアドバイス ・PPP分野における二国間援助イニシアティブの支援、多国間枠組みにおける問題解決の支援
PPP案件に対する意見書	・設立～2012年までに、500件弱のCP案件候補に対し175本の意見書を公表 ・2011年には44件を公表し、これまでに3本の否定的意見を公表	・2016年は政府案件1本、地方自治体案件10本の計11件のプロジェクトにつき意見書提出（うち3件は否定的意見） ・意見書は6週間を超えない期間で、郵便もしくはメールで提出される ・国及び公営施設のプロジェクトの場合、法令が定める諮問委員会が事前に意見書ドラフトの検査を行う

出典：MAPPPウェブサイト、IGDウェブサイト、EPEC（2012）「France PPP Units and Related Institutional Framework」

（3）フランス上下水道事業における特徴的な取り組み

1）上下水道事業の広域化
①広域化の背景（法制度による地方自治体の広域化）

フランスでは、かつて3万6,600以上のコミューンが存在していた。これらのコミューンは規模が小さく、財政状況も不安定だったため、地方自治体の公共活動を効率化するために、1980年代から地方分権改革が進められてきた。1982年3月には「コミューン、デパルトマン及びレジョンの権利と自由に関する法」が制定され、1986年までに地方自治の発展に関する300以上の法令が発せられ、地方分権への流れが加速した。

2002年には国道（2万8,000km）のデパルトマンへの移管をはじめ、国防及び外務以外のすべての省庁に関係する大規模な第二次分権が開始され、さらに2003年には憲法が改正され、第一条に「組織は分権されている」と明記され、「地方分権」がフランスの地方自治の特徴の一つとして確立された。

近年では、2012年に大統領に就任したオランド氏により地方への制度改革が促進され、2012年以降のEPCI数は減少傾向にある。

2014年1月27日には法第2014-58号MAPAM法が制定され、レジョンの削減とデパルトマンの廃止等が行われ、その後、2015年8月7日に交付されたNOTRe法により、広域行政主体への権限移譲が強制的に進められることになった。

ただし、2018年8月には2019年6月30日（事業年度末）までにコミューンのメンバーのうち少なくとも25％（人口の20％相当）が移譲に賛成することを条件にNOTRe法の規定の適用期限が2026年1月1日まで延長されている。

広域化の進捗状況（2015年時点）は図表2-24の通り。色が濃い地域ほど広域化が進んでいることを示しており、フランス全土の98デパルトマンのうち、各デパルトマンで75％以上の広域化が進んでいる割合は、約21％となっている。

図表2-24　フランスにおける広域化の進捗状況

広域化した市町村の割合（2015）

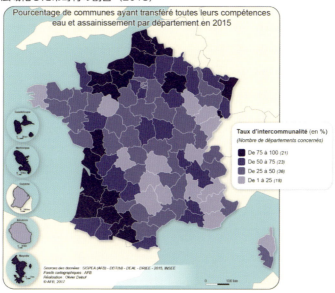

出典：OFB Observatoire des services publics d'eau et d'assainissement Septembre 2018

②上下水道事業への広域化の動き

1980年代からフランス国内で始まった地方分権改革によって広域行政組織が作られ、上下水道事業の大部分はこれらの組織が管理している。2021年の時点で、1万3,855の地方自治体（コミューン単位または広域行政組織）が2万5,651の上下水道サービスを管轄していた。しかし、2015年に制定されたNOTRe法により、2020年1月からはコミューンがもっている上下水道などの公共サービスの運営権限を課税自主権を持つ広域組織（人口1万5,000人以上）に移管することが決まった。これにより、上下水道事業の広域化や共同化が進められ、2021年の時点で約70%の権限移譲が達成されている（図表2-25参照）。

図表2-25　上下水道における広域行政組織への権限移譲割合

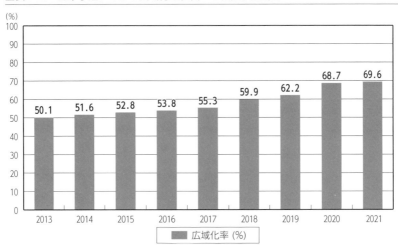

出典：OFB Observatoire des services publics d'eau et d'assainissement Septembre 2018

③カステルノダリにおける広域化事例

　フランス全土で見ると、NOTRe 法が施行されてから、上下水道事業について、各コミューンが共同体として運営を検討する動きが進んでいる。ここで、フランス南部のカステルノダリ市を中心とした、上下水道の共同体運営検討の事例を取り上げる。

　カステルノダリ市町村共同体は、43のコミューンが組織する共同体で、最大のカステルノダリ市の人口は約1万2,000人、共同体全体の給水人口は約2万4,000人という小規模コミューンによる共同体である。

　カステルノダリでは、新法の施行や水機構からの補助金がEPCIに優先的に配分されるようになったことから、これまで直営が主流だった上下水道事業について、環境への配慮や水源管理の観点から共同体での運営を検討することになった。

　以前の上下水道事業は、各コミューンが単純に民間に委託していたが、2017年から2018年にかけてコミューン共同体の複数の住民からなる会議体で、上下

水道の権限を市から公的共同体へ移行することを決定した。

　この移行の背景には、水機構からの補助金の影響がある。コミューン共同体の場合、今後3年間の予定投資額の約40％を水機構の補助金で賄うことが可能だが、広域化を見送った場合、同額の補助金は認められない。小規模自治体が多いため、料金収入だけでは対応が難しい状況だった。また、以前の単純委託では人口規模が小さいほど委託費が高く、競争力が劣っていたことも、広域化を検討する過程で明らかになった。さらに、43市町村全体のうち、上水道では約75％、下水道では約80％の利用者がコミューンからの単純委託による上下水道サービスを利用しており、契約件数も上水道だけで30を超えていた。

　そこで、法改正による広域化の流れを機に、給水人口約2.4万人規模に適した委託数への集約、共同体での運営による効率化、将来の投資のための補助金交付などをめざし、コミューン共同体へ上下水道事業を移し、広域化を進めることを議論した。市町村には、高い水道料金を支払いつつ直営を続けるか、広域化による事業統合を図るかの選択肢があり、現状の事業を直営・委託別にグループ分けして議論を進めている。特に委託を行っている場合は各契約の終了時期が異なるため、5～6年の間での統一をめざしているところにある。

図表2-26　カステルノダリにおける人口規模別上下水道業務委託に係る費用の差異

利用者規模（人）	1,500	2,500	5,000	7,500	10,000	15,000
委託費（上下水道）	8.43ユーロ/㎥	5.94ユーロ/㎥	4.07ユーロ/㎥	3.45ユーロ/㎥	3.13ユーロ/㎥	2.82ユーロ/㎥

出典：カステルノダリ市提供資料より筆者作成

2）上下水道事業におけるパフォーマンス評価
①上下水道における業務指標の考え方

　フランスの上下水道事業での官民連携の導入に関する業務指標は、単にペナルティやインセンティブを課す目的ではなく、事業のパフォーマンスを向上させることをめざして設定されている。その目的は、指標を通じて事業の透明性を保証し、発注者、受注者、利用者間の対話を促進することにある。

業務指標には3つの種類がある。1つめは法定指標で、これは上下水道事業体間で比較可能な指標を提供するために設定されている。上水道には17の指標（図表2-28参照）、下水道には19の指標（図表2-29参照）が中心となって定義されていて、これには水道料金に関する指標など、利用者向けの情報も含まれている。2つめは自治体が独自に設定する目標指標で、これは委託を通じて達成したい目標に応じて設定される。3つめは受託事業者が自主的に設定する指標で、これは競争社との差別化を図ったり、技術力向上をめざして提案される（図表2-27参照）。

　これらの指標の中から、発注者である自治体が特に重要と判断する指標を主要業務指標、またはKPI（Key Performance Indicator）として設定する。自治体は目標達成に必要な指標を選ぶことが求められている。近年では、指標数が150を超えるような過剰な契約例も見られるが、指標数が増えるほど自治体が把握、確認しなければならない事項が増え、結果的に本来のマネジメントの目的を見失いがちになるという問題が指摘されている。そのため、目標達成に本当に必要な指標の選択が重要となる。

図表2-27 フランス上下水道事業における業務指標の考え方

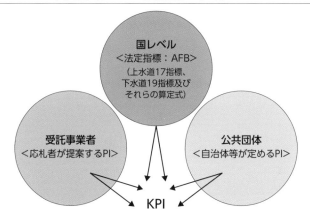

・公共組織にとって最も重要な事業の目的を確実に達成するための指標
・法定指標は法律で定められた最終的に国に対し報告すべき指標
・法定指標が各事業体のKPIになることもあり得る

・パフォーマンスの促進、目標順守のため、特に重要な指標にペナルティを課すことがある

　業績を向上させるために、重要なKPIや目標を持つ業務指標に対してペナルティを設けることがある。ただし、すべての指標にペナルティを設けるものではないので、その点は注意が必要となっている。基本的には公共がペナルティを設定するが、民間にも追加的な提案を求めることもある。

　ペナルティについては、技術的な事項、提出書類や提供サービス、投資などの内容に分けることもある。発注者が過度に多くのペナルティ項目を設定したり、受託事業者が達成困難な指標レベルを設定したりすると、事業の継続性を損なう可能性がある点は留意すべきである。

　また、リスクの負担を限定するために、ペナルティの上限を設定することもある。特に、参加する民間事業者やその親会社などでは、無制限のリスク負担が事業参加の障害になると見なされることから、適切な競争環境を維持するために、ペナルティの上限を設定することが有効な場合がある。一方、利益分配の例は一部存在するものの、直接的なボーナスのような報奨金についての例は少なく、主にコスト削減の努力による利益幅の拡大が中心となっている。

図表2-28 上水道事業における法定指標（17項目）

大項目	タイプ	Code	指標
加入者	説明指標	D101.0	給水人口
加入者	説明指標	D102.0	120㎥当たりの税金等を含む料金
加入者	説明指標	D151.0	新規加入者の接続最大時間
加入者	PI	P101.1	微生物学的適合率
加入者	PI	P102.1	物理化学的適合率
ネットワーク	PI	P103.2B	社会的債務免除割合
収集	PI	P104.3	予定外の断水頻度
浄水	PI	P105.3	新規加入者の最大接続時間の順守率
浄水	PI	P106.3	苦情率
泥	PI	P107.2	ネットワークと接続に関する知識レベル及び飲料水サービスのための複数年の更新方針の存在
財務マネジメント	PI	P108.3	上水道システムの平均更新率
加入者	PI	P109.0	債務の消滅期間（水道サービスの更新投資に係る資金調達契約による負債の返済期間）
ネットワーク	PI	P151.1	未払率
ネットワーク	PI	P152.1	配水ネットワークの効率性
浄水	PI	P153.2	無収水量
収集	PI	P154.0	無効水量
財務マネジメント	PI	P155.1	水源保護のための進捗指数

出典：eaufranceウェブサイト（https://www.services.eaufrance.fr/indicateurs/eau-potable）

第2章
各国における上下水道事業及びPPP/PFIの活用動向

図表2-29　下水道事業における法定指標（19項目）

大項目	タイプ	Code	指標
加入者	説明指標	D201.0	下水収集ネットワークを受ける居住者の数（処理人口）
ネットワーク	説明指標	D202.0	汚水収集システムによりサービスを受ける地域内にある工業廃水のコントロール（環境パフォーマンス）
泥	説明指標	D203.0	下水処理における汚泥量
加入者	説明指標	D204.0	120㎥当たりの税金等を含む料金
加入者	PI	P201.1	下水収集ネットワークを通じたサービス率
ネットワーク	PI	P202.2B	下水収集ネットワークの知識及び管理（複数年の更新方針）※2013年～
収集	PI	P203.3	EU指令に準じ国が規定する排水収集に係る適合性
浄水	PI	P204.3	EU指令に準じ国が規定する処理施設の適合性
浄水	PI	P205.3	EU指令に準じて国が規定するパフォーマンスの適合性
泥	PI	P206.3	規制制度に従い、処理された処理施設から生成された汚泥割合
財務マネジメント	PI	P207.0	債務免除額または連帯基金への支払額
加入者	PI	P251.1	利用者施設におけるオーバーフロー率
ネットワーク	PI	P252.2	100kmのネットワークごとの介入箇所数
ネットワーク	PI	P253.2	下水処理施設の平均更新率
浄水	PI	P254.3	浄水装置ごとの性能に係る要求への適合性
収集	PI	P255.3	下水収集ネットワークの自然環境保護に係る環境パフォーマンス指標
財務マネジメント	PI	P256.2	下水サービスの運営を適切に行うために必要な投資に係る資金調達のために契約されたローンから生じる債務を返済するために公共組織が必要とする理論上の年数
財務マネジメント	PI	P257.0	前年度からの下水請求額に対する未払比率
加入者	PI	P258.1	苦情率

出典：eaufranceウェブサイト（https://www.services.eaufrance.fr/indicateurs/eau-potable）

②情報公開の状況

　フランスにおける上下水道事業のガバナンスでは、サービスの評価と透明性が重視され、運営主体が公または民であるかにかかわらず、法律により年次報告書に記載すべき業績指標が定められている。公表が義務付けられている年次報告書（RPQS）には、財務的側面（損益計算書/貸借対照表、各財務諸表の補足及び付属書、総勘定元帳、監査人の特別報告書等）についても報告する義務があり、収入及び費用の詳細な説明が求められている。これは、2003年に「上下水道サービスのマネジメントに関するレポート（Rapport public thématique sur la gestion des services d'eau et d'assainissement）」（会計検査院）において、公共直営か公役務の委任（DSP）かにかかわらず、すべての水道事業体のサービ

ス水準を比較できるように、業務指標の設定等が求められ、サービスに関する規定が展開されることとなったことが契機である。その後、2007年5月の政令では年次報告書に記載すべきサービス品質の指標が定義され、2008年4月には、これらの指標の使用方法が再度明確化された。

さらに、2016年2月には、「上下水道の料金に関する報告書」(環境と持続可能な開発評議会) において、公共飲料水サービスの料金と品質に関するレポートの透明性を向上させる目的で、2018年までに新しい指標を導入するための取り組みが規定された。また、水質に関しては1998年のEU指令に基づき、公衆衛生法における法定指標として「水質指標」が規定されている。

このように設定された業務指標、KPI目標値及びその結果については、報告書として議会の承認を得た後、フランス生物多様性機構 (AFB) が管理する国家データベースである上下水道の情報システム「SISPEA」へ、自治体自身が入力することが義務付けられている。これにより、国が地方自治体のサービス比較のためのデータ集約も可能となり、各水道事業のパフォーマンスを比較評価することも可能となっている。

図表2-30　業績指標と結果公表の流れ

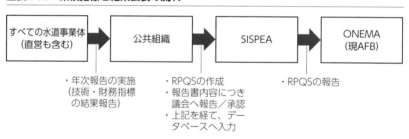

出典：eaufrance各種資料より筆者作成

3 アメリカにおける上下水道事業

アメリカにおいては、上下水道設備及び管路の老朽化が深刻な問題となりつつあり、一部の市や郡等の地方政府では財政的な困難に直面している。さらに、近年は公共水道における水質基準が厳格化される傾向が見られ、上下水道設備の環境は厳しさを増している。
本節では、アメリカの上下水道事業の全体像と、官民連携の枠組み（PPP【Public Private Partnership】：アメリカでは頭文字を取った P3 と呼ばれることが多い）について触れるとともに、民間事業者による"上下水道の実質的な広域化"について概観する。

（1）上下水道事業の概況

1）アメリカの上下水道の成り立ちと法的枠組み

17世紀初頭、アメリカ大陸に生活拠点を築き始めた入植者は、池や井戸から水を取り、生活を営んでいた。当時は個人所有の井戸やポンプがあり、一部の地域では公共用の井戸も開発されるようになった。人口が集積し都市化が進むと、大規模な水道システムが民間主導で整備された。19世紀半ばまでに整備された水道の約9割が民間水道とされているが、人口集積地への公平かつ安定的・安全な水の供給に向け、公的機関によって水道システムが所有及び運営されるようになった。

水道整備に関する初の行政的言及は、1886年の河川及び港湾法（Rivers and Harbor Act of 1886）に見られ、1899年の同法改正により、水源地の開発を所管する組織としてアメリカ陸軍工兵司令部（United States Army Corps of Engineers）が設定された。水量や水質は各州によって管理されてきたが、20世紀以降、連邦政府による水質管理の権限が強まる傾向にある。環境汚染、公衆衛生、人々の健康・福祉の増進の重要性が広く認識されるようになった結果、アメリカでは連邦水質汚濁防止法（FWPCA：Federal Water Pollution Control Act of 1948）が施行された。この法律により、水質汚染により市民の健康が危険にさらされている場合など、関係する州の同意を得ることなく、連邦政府が権

限を発動することが可能となった。1965年の水質法（Water Quality Act of 1965）の制定により、アメリカ国内の水質に関する統一基準が設けられ、連邦政府による水質管理が厳格化された。1970年には環境保護庁（EPA：Environmental Protection Agency）が設立され、水質改善法（The Water Quality Improvement Act of 1970）の制定により、連邦政府の権限が拡大された。連邦政府が定める水質基準は州が定める水質基準よりも優先され、法的要件を満たさない州の基準をEPAが却下することが可能となった。これは、アメリカの上下水道行政の成り立ちを考えると、歴史的な転換点の一つと見なすことができる。

　以降、上下水道行政はEPAにより一元的に遂行され、法律の順守を保証するための検査・監督権限をEPAが保持するようになった。具体的には、EPAは、全排水源への立ち入り権利、記録・データ・情報・測定装置及び排水の検査権限を有している。また、水質基準順守を確保するため、連邦政府から各自治体への水関連支援として、水道施設の整備、各地域の上下水道に関する計画、監視・取り締まり、研究開発や人材育成など、水質汚染防止活動全般が実施されている。1972年、FWPCAは水質浄化法（CWA：Clean Water Act）として改正され、水質汚染等に関する規制や排水の水質基準の設定、下水施設整備の基金等が定められるようになった。CWAの下、EPAは産業用排水の基準設定や、地表水中の汚染物質に関する水質基準勧告の策定を行っている。また、EPAの許可がない限り、汚染物質を点源（パイプや側溝のような個別の流路）から河川に排出することを違法とし、徹底した水源管理を行っている。さらに、1974年には、安全飲料水法（SDWA：Safe Drinking Water Act）が制定され、上水道に関する規定が定められるようになった。現在SDWAは、上水処理の規定に限らず、水源の保護、上水施設管理者の育成、上水システムの更新に係る基金、安全な水の提供に関する情報発信など、上水に関する多様な規定を設けている（図表2-31参照）。

図表2-31　アメリカの上下水道に関する法的枠組み

水質浄化法 Clean Water Act： CWA	✓ 汚染物質の排出を規制するとともに、表流水の水質基準を規制するための基本的な枠組み ✓ 下水施設整備の基金を整備等
安全飲料水法 Safe Drinking Water Act： SDWA	✓ 公共水道のすべての所有者または運営者に対し、健康に関する基準の順守を求める内容 ✓ 上水システムの更新に係る基金を整備等

出典：EPA資料を基に筆者作成

　近年EPAの政策は、環境保護や人権保護の観点を重視している。EPAが発表している2022～2026年の戦略計画の中では「国内のすべてのコミュニティに、清潔で安全な水を提供すること」が掲げられており、安全な飲料水及び信頼できる水インフラの確立がめざされている。長期的な達成指標として人々の健康基準に準拠していない水道施設を減らすことの他、水域及び流域の保護や復元も目標にしており、水質基準の厳格化が今後さらに進むものと考えられる。

2）アメリカの上下水道行政に関する主な組織

　アメリカの水道行政に関与する連邦政府のEPAは、水質管理、環境及び生態系の保全、雇用機会の平等化といった方針を設定し、各州に管轄機関を設けている（図表2-32参照）。

　各州では、州の保健部、環境保護部、天然資源部、公衆衛生部等がEPAと協力し、水質調査や環境・生態系調査や保護を行いつつ、市・郡等の地方政府が担うハード設備の整備支援策や運営・管理の支援策を提供している。また、水道施設が民間によって所有されている地域では、公益事業委員会（PUC：Public Utility Commission）が州政府により設立されている。PUCは、水道施設の民間所有に関する承認権限を有する他、水道施設を運営する民間事業者の収益や運営費用を規定し、経済的な規制を施すことで、水道料金の適正化や公正化を推進している。

　市・郡等の地方政府が水道施設を所有・運営・管理している地域では、水道局が水道事業を担当し、水質や環境の調査を行う一方で、地方政府の建設局等が水

道設備の整備や維持・更新の任を担っている。

図表2-32　連邦政府、州政府、市・郡等の地方政府の組織と取り組み

```
┌─────────────────┐
│    連邦政府      │
└─────────────────┘
     │
┌─────────────────┐    各州に設置    ┌─────────┐    主な役割
│  環境保護庁      │ ──────────→    │ 地方局   │    ・水質管理
│    EPA          │                 │         │    ・環境・生態系保護
└─────────────────┘                 └─────────┘    ・雇用機会均等
  ・水質調査で連携                        │
  ・コミュニティ支援                 地域全体を管理
                                         ↓
┌────────────────────────────────────────────────────────────────────────┐
│ ┌─────────────┐                              ┌──────────────────────┐  │
│ │  州政府     │                              │ 市・郡等の地方政府    │  │
│ └─────────────┘                              └──────────────────────┘  │
│ ┌─────────────┐ ・水質調査      支援         ┌─────────┐ ・水道事業の運営│
│ │ 保健部      │ ・環境・生態系保護 ────→     │ 水道局  │ ・水質・環境調査│
│ │ 環境保護部  │ ・設備整備支援               └─────────┘                │
│ │ 天然資源部  │ ・運営管理支援等             ┌─────────┐ ・設備整備       │
│ │ 公衆衛生部等│                              │ 建設局  │ ・維持・更新     │
│ └─────────────┘                              └─────────┘                │
│  民間事業者が水道設備を所有・運営している場合                              │
│ ┌─────────────┐ ・事業運営の監督             ┌──────────┐ ・水道事業の運営│
│ │ 公益事業委員会│ ・料金適正化               │民間所有施設│ ・設備整備、維持・更新│
│ │   PUC       │ ・承認権限                  └──────────┘                │
│ └─────────────┘                                                         │
└────────────────────────────────────────────────────────────────────────┘
```

出典：関係機関資料を基に筆者作成

3）アメリカ上下水道事業の概況

　次に、アメリカにおける水道事業を概観する。アメリカ土木学会の調査によれば、アメリカの上水道普及率は99％に達しており、管路の総延長は約220万マイル（約354万km）に及ぶ。一日の総水使用量は約3,200億ガロンで、各家庭での水使用量は1日当たり約82ガロンと推定される。下水道の普及率は約75％で、その総延長は約130万マイル（約209万km）に及ぶ。

　EPAの統計調査によると、2023年末現在、アメリカには上水道システムが約14.3万施設、下水道システムが約1.6万施設存在する。上水道は、地域ごとに整備された公共水道に加えて、小規模コミュニティや商業施設（飲食店や小売店、宿泊施設等）、レジャー施設（ゴルフ場やスキー場等）、公共施設（学校、病院、公園等）の水道システムごとに管理者が設けられている。下水道については、各家庭で排水処理を行う腐敗槽の普及率が高く、アメリカ全土で約2,100万世帯に腐敗槽が設置されている。公共財・公共サービスとしての性格が強く、集中型排

水システムが運用されるなど、下水システムは公共が運営するケースが多い。

アメリカの上水道システムは、給水の頻度と給水人口の規模によって水道種別が区分されている。定住人口に対して通年で給水を行っている水道事業者は、共同給水システム（CWS：Community Water Systems）と呼ばれる。給水期間が半年以上であり、25人以上の利用者に対して給水を行う事業者は、非一過性・非共同給水システム（Non-Transient Non-Community Water Systems）とされ、給水期間が半年未満の水道事業者は一過性・非共同給水システム（Transient Non-Community Water Systems）とされている。

これらの上水道事業者の総数のうち、共同給水システムは約4.94万施設となり、アメリカ総人口の9割以上に相当する約3.1億人に給水している。非一過性・非共同給水システムの事業者数は約1.72万施設、一過性・非共同給水システムの事業者数は約7.64万施設となる（図表2-33参照）。

図表2-33　アメリカの区分別水道事業者数

種類	概要	施設数
Community Water Systems	定住人口に対して通年で給水	約4.94万施設
Non-Transient Non-Community Water Systems	半年以上、25人以上の利用者に対して給水	約1.72万施設
Transient Non-Community Water System	一時的に給水	約7.64万施設
合計		約14.3万施設

出典：EPA Safe Drinking Information Systemデータベース（2023年時点）を基に筆者作成

共同給水システムに該当する事業者は、市・郡等の地方政府の他、病院・公園等の公共施設、民間の水道事業者、飲食・宿泊等の商業施設等が含まれる。

共同給水システムを給水人口規模別に分類すると、給水人口規模が100万人を超える水道はすべて大都市部の地方政府によって運営されており、その数は26施設（全体の約0.1％）となる。給水人口が1万人以上100万人未満の水道は約4,500施設（全体の約9％）、給水人口が1,000人以上1万人未満の水道は、約1.3万施設（全体の約26％）、給水人口が1,000人未満の水道は約3.2万

施設(全体の 約65%)となる。給水人口規模で、上位 10%の施設が約2.7億人に対して給水しており全人口の約83%をカバーしている。

図表2-34に、給水人口別共同給水システムの事業者数及び給水人口を分類した。

図表2-34　給水人口別共同給水システムの事業者数及び給水人口

給水人口規模	施設数		合計給水人口	
1,000,000人〜	26	0.1%	約4,900万人	15%
10,000 〜 1,000,000人未満	約4,500	9%	約2.2億人	68%
1,000 〜 10,000人未満	約1.3万	26%	約4,500万人	14%
1,000人未満	約3.2万	65%	約840万人	3%
合計	約4.9万	100%	約3.2億人	100%

出典:EPA Safe Drinking Information Systemデータベース(2023年時点)を基に筆者作成

　公共水道の運営は、アメリカにおいては主に行政が担当することが一般的である。給水人口に基づいて水道事業者を整理した結果を図表2-35に示す。なお、大規模な自治体の水道事業者は、上位に位置しており、上下水道の所有・運営・管理を一手に引き受けている。

図表2-35　給水人口の上位事業者

順位	事業者名称	州	主な給水地域	給水人口
1	NEW YORK CITY SYSTEM	NY	Bronx, Kings, New York, Queens, Richmond	約830万人
2	LOS ANGELES-CITY, DEPT. OF WATER & POWER	CA	Los Angeles	約400万人
3	CHICAGO	IL	Cook	約270万人
4	MASSACHUSETTS WATER RESOURCES AUTHORITY	MA	Suffolk	約260万人
5	MDWASA - MAIN SYSTEM	FL	Miami-Dade	約230万人
6	CITY OF HOUSTON	TX	Harris	約220万人
7	SAN ANTONIO WATER SYSTEM	TX	Bexar	約200万人
8	WASHINGTON SUBURBAN SANITARY COMMISSION	MD	Montgomery	約190万人
9	CITY OF PHOENIX	AZ	Maricopa	約170万人
10	CITY OF BALTIMORE	MD	Baltimore city	約160万人
10	PHILADELPHIA WATER DEPARTMENT	PA	Philadelphia	約160万人

出典：EPA Safe Drinking Information Systemデータベース（2023年時点）を基に筆者作成

4）アメリカにおける近年の水道に関する主な課題

　2022年現在、アメリカの総人口は約3.3億人に達し、その数は緩やかに増加し続けている。2080年には総人口が3.7億人に達するとの推計も存在する。新型コロナウイルスの影響により、大都市部では一時的な人口減少が見られたが、2022年以降は人口回復の傾向が見られる。それに対し、郊外や中山間部などの中小規模地域では人口減少が進行し、財政逼迫の問題も抱えている。

　上下水道インフラの老朽化も深刻な状況にある。上水道の管路は20世紀初頭から半ばにかけて耐用年数75～100年として整備され、現在多くの水道施設や管路が老朽化し、更新時期を迎えている。アメリカ土木学会の報告書によれば、上水道施設の老朽化は「要注意（C-）」と評価されている。上水道施設の老朽化は深刻な状況にあるが、近年アセットマネジメント手法が多くの上水道施設で取り入れられ、更新ニーズの可視化とともに対処すべき施設や管路の優先付け

が進展している。それでもなお、上水道の管路 100 マイルにつき 10〜37カ所の漏水や破損が生じ、破損は毎年25万〜30万カ所増えているとされる。管路更新率は年間平均 0.5%にとどまり、全上水道システムを更新するのに 200年以上を要するとの指摘もある。この老朽化により、1日当たり約60億ガロンの上水が漏水し、年間当たり約76億ドル規模の損失が発生している。

　下水道の耐用年数は 50〜100年とされているが、上水道と同様に、老朽化が深刻な状態となり、破損や亀裂などの問題が発生している。アメリカ土木学会は、下水道施設の老朽化については上水道よりも深刻な「危険（D+）」という評価を下している。その背景として、市・郡等の地方政府や運営・管理事業者が、下水道の老朽化の状態を完全に把握しきれていない点が指摘されている。上下水道の更新ニーズは極めて高く、EPAの試算によれば、上下水道システムの整備や維持・更新に関して、次の 20年間に必要とされる費用総額は約6,250億ドルで、その費用総額は年々増加しているとされる。

　一方で、上下水道の老朽化に対処するための財政的支援は慢性的に不足しているとされる。1970年代後半以降、連邦政府が財政難に直面すると、連邦政府からの上下水道整備に係る資金的な支援は大きく減少した。上下水道分野の資本支出に占める連邦政府の割合は、1977年に約63%であったのに対し、2017年には 9%以下となっている。1980年代以降、上下水道への設備投資に対する公的支出の約3分の2は、州や地方団体によるものとなっている。また、資本計画や運営・管理（O&M）費用の大半は州や地方政府が負担し、その規模は、1993年に約200億ドルであったものが、2017年には約550億ドルに増加している。

　アメリカ土木学会の調査結果によれば、運営・管理費を水道料金の徴収により賄える水道施設は、全体の約2割に過ぎないとされている。2012年から2023年にかけてアメリカの水道料金は5割以上値上がりしている。水道料金には地域差が生じており、低所得者が多く居住する地域では、水道料金の引き上げ自体が困難であるという問題も存在する。

　近年、アメリカでは鉛製の給水管が社会的な課題となっている。鉛は加工しやすく、さびにくいという特性から、長年にわたりアメリカの給水管に使用されてきた。しかし、鉛が体内に取り込まれると、中毒症状などの健康被害を引き起こす可能性があるため、鉛製の給水管の更新が急がれている。鉛管の更新は、低所

得者が多く居住する地域などで遅れており、全米で約920万世帯の給水管が鉛製であると推定されている。さらに、ニューヨーク市では、市内の全給水管のうち鉛管または鉛管の可能性があるものが約4割を占めており、ニューヨーク市在住者の約2割が鉛管の影響を受けているとの調査報告も存在する。アメリカでは政府の財政が厳しい状況の中で、上下水道施設の老朽化問題に加え、鉛管の交換といった大規模かつ緊急の更新が求められている。

5）アメリカの上下水道に関する主な政策

近年、連邦政府は水道事業における公共調達手法の見直しや制度の拡充を進め、上下水道の整備・更新に向けた資金的支援を強化している。上下水道の整備や運営・管理に必要な資金調達スキームとして、主に連邦政府から州政府へ供給される州回転基金（SRF）が利用されている。

1970年代まではEPAによる上下水道の建設助成金制度が存在し、大量の融資が行われていたが、連邦政府の財政難によりその規模は縮小した。1987年にはEPAの建設助成金制度が下水処理施設整備のための基金に置き換えられ、下水道の整備や更新に向けた浄水州回転基金（CWSRF：Clean Water State Revolving Fund）が設置された。CWSRFを通じて、各州への整備・更新費の支援が行われている。1996年には飲料水州回転基金（DWSRF:Drinking Water State Revolving Fund）が設立され、これを基に飲料水施設の整備支援が行われている。

しかしながら、アメリカの上下水道施設の老朽化対策や更新にかかる費用は、既存の州回転基金等では賄いきれていないという状況がある。これを受けて、2014年には、水インフラ融資イノベーション法（WIFIA：Water Infrastructure Finance and Innovation Act）が制定され、連邦政府による上下水道インフラへの財政的支援が拡充されている。WIFIAの融資スキームでは、既存の州回転基金の併用が可能であり、EPAが直接官民事業に対して、その規模にかかわらず長期・低利で融資できるようになるなど、上下水道事業者にとって利便性が高まっている。

また、2021年にはインフラ投資・雇用法（IIJA:Infrastructure Investment and Jobs Act）が成立し、今後10年間で各インフラに対して合計5,500億ドル

規模の予算が充当される予定となっている。特に、上下水道に対しては、鉛管の交換、排水管理の強化、浄水処理や貯水、リサイクル、海水の淡水化等の技術向上に向け、州回転基金に上乗せとなる形で予算が作成されている。

以下に、州回転基金やWIFIA融資の他、地方債や民間活動債、環境インパクト債等、利用されている主な融資スキームを示す。

- 州回転基金：連邦政府から州に助成され、申請に基づき発行される上下水道事業向けの低利または無利子の融資制度。返済及び金利分は州回転基金に還元され、別の上下水道事業に利用される。
- WIFIA融資：水インフラ事業を対象として、水インフラ資金調達及び革新法に基づいて2014年に設立されたEPAが運営する制度。超長期・低金利の公的融資。
- レベニュー債：地方債の一種。一般財源保障はなく、元利償還の原資を特定の収入源に限定して発行される債券。
- 民間活動債（PABs）：内国歳入法で認められる非課税地方債。上下水道等一部の公益事業について一定の条件を満たす場合、地方債による資金調達が民間事業者に認められる。返済義務を負うのは民間事業者である。
- 環境インパクト債：成果連動型支払契約（PFS：Pay for Success）を使用して、環境プロジェクトの事業資金を民間投資家から募るとともに、当該事業のパフォーマンス・リスクを投資家に負わせる革新的な資金調達。公共調達プロジェクトの成功に応じて利回りが変動する点が特徴的である。

CWSRFは、主に下水道施設の設置・更新に使用されてきた。近年は11億ドル規模の予算が組まれているが、インフラ投資・雇用法（IIJA）による予算の追加がなされたことで、2022年以降予算が大きく拡充した。図表2-36が、CWSRFの予算額の推移である。

図表2-36　浄水州回転基金（CWSRF）の予算額の推移

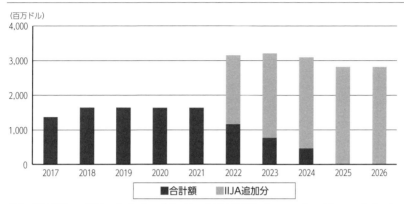

出典：EPA "Clean Water State Revolving Fund (CWSRF)"、Congressional Research Service "Infrastructure Investment and Jobs Act (IIJA):Drinking Water and Wastewater Infrastructure" を基に筆者作成
※2025年以降のIIJA追加分は2024年時点で決定している額を記載した。

　上水道施設の整備・更新等に向けては、1996年に改正された安全飲料水法の下、より厳格な飲料水質基準への改善順守に向けた投資を促進するため、飲料水施設整備のためのDWSRFが設立されている。DWSRFは、上水道の更新ニーズに係る調査結果に応じて資金が割賦される仕組みとなっており、年間総額約11億ドルの予算が計上されてきたが、2022年からインフラ投資・雇用法（IIJA）の追加分によって、予算は大きく拡充した（図表2-37参照）。

図表2-37　飲料水州回転基金（DWSRF）の予算額の推移

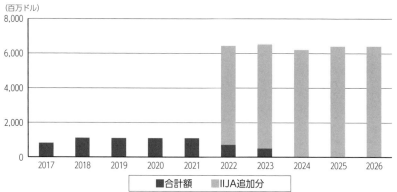

出典：EPA "Drinking Water State Revolving Fund (DWSRF)"、Congressional Research Service "Infrastructure Investment and Jobs Act (IIJA):Drinking Water and Wastewater Infrastructure" を基に筆者作成
※2025年以降のIIJA追加分は2024年時点で決定している額を記載した。

　前述したように、2014年にはWIFIA融資という新たなスキームが拡大された。オバマ政権時代には、水道施設の維持と更新に関して、民間の資金と知識を導入し、効率化を推進するための革新的な資金調達手段として、上下水道の整備を含む官民連携（水インフラ融資イノベーション：WIFIA）が制定された。これにより、EPAは直接官民連携事業に対してWIFIA融資（低利融資）を開始した。2017年7月からは、上下水道及び雨水処理システムに関連する水インフラの更新に向けた融資プログラムが運営されている。この融資プログラムの特徴は、その規模にかかわらず官民事業者に対して長期・低利子の融資を提供することである。融資の対象となるのは、CWSRFとDWSRFの範囲に加え、施設の省エネ、海水の淡水化処理、水の再利用、灌漑など多様なプロジェクトである。州回転基金との併用も可能となっている。図表2-38に、WIFIAの融資額と事業数の推移を整理する。

図表2-38　WIFIAの融資額と事業数の推移

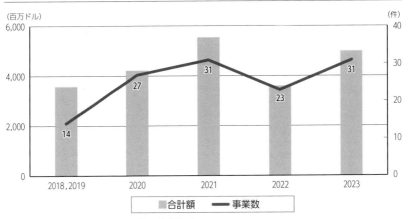

出典：EPA WIFIA年次報告書を基に筆者作成

　鉛管の更新については、ニュージャージー州ニューアーク市が先駆的な取り組みを開始している。ニューアーク市は、2016年に鉛管の調査を行い、深刻な鉛管被害が確認されたため、2019年から3年間で市内の全鉛管を更新した。更新費用約1.7億ドルは、市や州の融資スキームを活用して調達し、全住民に対する鉛管更新を義務付け、私有地内の鉛管を含む更新費用はニューアーク市が負担した。ニュージャージー州では、2021年に鉛を使用している全管路（民間事業者所有の管路も含む）を10年以内にすべて更新する州法を制定した。この取り組みは、ニュージャージー州に拠点をもつAmerican Water社との協力によるものである。大規模な更新が必要となる事業では、資金調達と民間事業者との協力が不可欠である。2021年に発表した「バイデン-ハリス鉛管・塗料アクションプラン」では、地方団体や水道事業者、NGO等の関係主体に協力を呼び掛け、鉛管更新の取り組みを推進している。また、2023年にはEPAが10年以内にすべての鉛管の交換を義務付ける強化案を発表している。

　アメリカでは、上下水道施設の老朽化や鉛管の交換等が深刻化しており、上下水道施設の運営・管理や更新にかかる費用が巨額になっている。地方政府だけでは対応が難しい取り組みや、効率的な運用の実施に向けては、民間事業者との協

力が模索されている。次項ではアメリカの官民連携（P3）の活用動向と、上下水道分野における民間参入の現状について概観する。

（2）P3の活用動向

1）アメリカにおける官民連携の枠組み

アメリカ国内では、水道をはじめとする道路、橋梁、トンネル、鉄道、空港等の多岐にわたるインフラ分野において、老朽化や更新の必要性が顕在化している。施設の整備、運営・管理、資金調達に際しては、官民連携（P3）の枠組みが重視されている。

連邦政府がP3を規定する法律を設けているわけではなく、その役割は地方政府に対するP3の枠組みやガイドライン、指針の提示にとどまっている。例として、アメリカ連邦政府の運輸省（Department of Transportation）は、「民間事業者の関与が大きい官民間の契約」をP3と定義している。また、EPAは「公共インフラ整備のための資金調達、施設整備、長期運営・管理を実施するために公共セクターと民間セクターとの間で締結される性能発注契約」をP3と捉えている。これらの定義は広義の意味合いを含んでいるが、アメリカにおけるP3では、性能発注方式が採用されている。

アメリカのP3は、インフラ整備に関するP3の規定が各州の州法によって定められており、その内容が州によって異なっている。P3を導入している州では、多くの場合運輸局がP3の法整備をつかさどる。これは、各州における交通ニーズを満たすためには、市・郡等を横断するような交通網の整備が必要となることが多いためである。

例えば、陸上交通分野、特に高速道路などを中心に、P3事業の実施を州法で認可している州は、36州及びワシントンD.C.、プエルトリコとなっている。P3の導入の内容は各州で異なり、特定のプロジェクトに関してP3の導入が認可される州もあれば、プロジェクトを特定せずに多数の機関による多数の事業のP3を認可している州も存在している（図表2-39参照）。

図表2-39　アメリカにおいてP3が導入されている州・地域

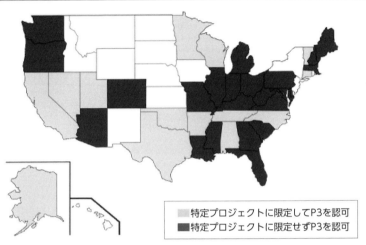

凡例：
- 特定プロジェクトに限定してP3を認可
- 特定プロジェクトに限定せずP3を認可

出典：U.S. Department of Transportation Federal Highway Administration "State P3 Legislation" を基に筆者作成

　アメリカにおいては、P3の実施に関して、公共セクターの契約者は市・郡等の地方政府から連邦政府まで、どの階層でも可能とされている。民間セクターの契約者は、通常、複数の民間企業によるコンソーシアムとなることが多い。P3は、大規模公共インフラの整備に用いられることが多く、仕様発注による公共調達とは異なり、建設から運営・管理まで一括発注されるため、効率化とコスト削減の余地が大きいとされている。P3の種類は多岐にわたり、各プロジェクトの特性・複雑性、政策目標、民間事業者の利益、VFM（Value for Money）の潜在性、リスク分担などにより、最も適した種類が選択される。アメリカにおいては、コンセッション事業であっても需要リスクを公共や需要者に負わせるケースもあり、民間事業者へのリスクの移転度合いはそれぞれの事業の目的や事業性等により、多様となっている。

　上下水道施設を所有する主体は、市・郡等の地方政府である場合が多いと言及したが、上下水道分野のP3を実施する上で、市・郡等の地方政府への権限移譲が重要となる。すなわち、民間セクターと市・郡等の地方政府がP3の契約を自

由に締結できる法制度が州内で確立しているかという点は、上下水道分野のP3を進める上で鍵を握る要素になり得る。各地方政府に対する権限移譲の考え方は、州によって様々となっている。「地方自治は絶対であり、州政府がそれを奪うことはできない」というホーム・ルール（Home Rule）の考え方では、州議会や連邦政府などが定めた法律よりも、地域の住民によって決められ、市の憲章等で規定された方針が優先されるとしている。他方、州政府の決定が地方政府の決定に対して優越すると考えるディロン・ルール（Dillon Rule）では、「州法で地方政府の権限が明確に許可または明示されていない限り、あるいは地方政府の運営に不可欠なもの以外は、州の統制が優先される」としている。

　州の権限と地方政府の権限の考え方は、州によって異なるが、例えばペンシルバニア州では、地方政府の権限について、1972年に制定された州法で「自治体は、自治憲章を作成し、採択する権利と権限を有すること」、すなわちホーム・ルールが認められている。実際に、州内の79の自治体及び7つの郡が、独自に憲章を定めている。このように、ペンシルバニア州は、地方政府の自治権が認められており、独自に政策的意思決定を下すことが可能となっている。

２）上下水道事業におけるP3の枠組み

　EPAは、上下水道分野におけるP3が、コスト削減、品質管理の改善、サービス提供の迅速化といった観点から大きな可能性を秘めていると評価しており、特に地方政府にとってその利益が大きいとみている。具体的には、地方政府が上下水道分野におけるP3を活用することで、以下のような利点があると指摘している。

- ・事業の管理に最も適した立場にある当事者に責任を割り当てることで、よりよい成果が得られる可能性が高まる。
- ・民間セクターの参入により、事業における創意工夫が生まれ、民間の活力が引き出され、効率性が向上する。その結果、経済的価値が生まれ、インフラへの投資が増え、地方政府の投資が促進される。
- ・水源や排水源における重要かつ複雑でコストのかかる問題を、従来の調達手法よりも効率的かつ合理的に解決することが可能となる。
- ・制約のある公的資源を、民間の資源や人材に置き換えることが可能となる。

EPAは、上下水道事業におけるP3の枠組みとして、以下のような枠組みを提示している（図表2-40参照）。

図表2-40　主なP3の枠組み

枠組み	概要
Design-Build-Finance（DBF）	デザインビルドによる革新手法と民間資本を一部投入する組み合わせ。民間資本を公的資本によって補い、プロジェクトの早期建設を可能とするモデルとして用いられる。
Design-Build-Operate-Maintain（DBOM）	DBF手法と類似するが、短中期の運営・財務・管理の責任を民間事業者が負う点が特徴的である。
Design-Build-Finance-Maintain（DBFM）	DBF手法と類似しており、短中期の財務・運営・管理責任を民間事業者が負っている。DBOMと異なり、公的機関が運営責任を有している点が特徴的である。
Design-Build-Finance-Operate-Maintain-Availability Payment P3（DBFOM-AP）	DBOM手法と類似するが、民間事業者は資金調達の責任も負っている。財務・運営・管理は民間事業者が長期的に担っており、公共部門が料金徴収や収益管理を担っている。事業の成果に応じて、定期的に、事前に定められた料金の支払を行う点が特徴的。
Design-Build-Finance-Operate-Maintain-Revenue Concession（DBFOM-RC）	民間事業者が、収益リスクを引き受けるDBFOMモデル。民間事業者が資産を開発し、公共部門と長期リース契約を締結することで、契約期間中のプロジェクト収益の回収が可能。競争的な調達プロセスから収益を得る機会に加え、公共部門の長期的な財務、運営・管理、及び大規模な資本維持コストの負担を軽減するために、資産が収益化されることも多い。
Build-Own-Operate（BOO）	民間事業者への最大の責任移譲のモデル。民間事業者は自ら所有または管理する土地で新たな資産を開発し、運営する点が特徴的。

出　典：EPA（2017）"Perspective: "The Financial Impact of Alternative Water Project Delivery Models" in the Water Sector" https://www.epa.gov/sites/production/files/2017-03/documents/epa_p3_perspective_final_2.24.17.pdf

3）上下水道事業における民間参入の現状

アメリカでは、他のインフラ産業と比較し上下水道事業に対する民間参入が進展していないとの指摘が存在する。アメリカの上下水道事業における民間参入率を、全給水人口に占める民間事業者運営水道の給水人口と置き換えたとき、その比率は11％（約3,600万人）となっている。

2020年に発表された議会調査局の資料によれば、1991年から2016年までのアメリカの上下水道分野におけるデザインビルド（DB）プロジェクトの件数は81件となっている。このうち、民間資金調達を伴う事業は19件、民間資金調達を伴わない事業は62件となっている。陸上交通分野の高速道路や鉄道と比べると、契約額の規模が比較的小さいという特徴がある（図表2-41参照）。

図表2-41　交通及び上下水道プロジェクトの件数及び事業価値（1991～2016年）

	民間資本を伴う事業			民間資本を伴わない事業		
	高速道路	鉄道	上下水道	高速道路	鉄道	上下水道
事業数	41件	4件	19件	84件	50件	62件
合計金額	367億ドル	94億ドル	33億ドル	458億ドル	333億ドル	95億ドル
平均額	9億ドル	23.5億ドル	1.7億ドル	5.5億ドル	6.7億ドル	1.5億ドル

出典：Congress of the United States Congressional Budget Office (2020) "Public-Private Partnerships for Transportation and Water Infrastructure"

　上下水道のDBプロジェクト契約の事業規模は、1991年から2016年までの間に合計128億ドルに達しており、そのうち民間資金調達を含む事業は33億ドル（全体の約26％）、民間資金を含まない事業は95億ドル（全体の約74％）となっている。民間資金調達を含む事業は、2016年には約9億ドルに達している。

　上下水道事業におけるP3の内容を観察すると、高速道路整備のようにプロジェクトの設計・施工段階で民間事業者の参画を促すケースとは異なり、既存施設の運営と維持管理の改善を民間事業者に委託するケースが多いことが特徴的である。アメリカ議会予算局の報告によると、2016年には連邦政府（主にアメリカ軍の上下水道施設）や地方政府の水道事業の設計、建設、運営、管理に参画した民間事業者の売上高は19億ドル規模に達しており、その料金構成の費目として、水道事業の運営と管理に対するものが大部分を占めている（設計・施工は1億ドル未満）。多くのプロジェクトの契約期間は8年以上とされ、民間事業者にリスクを移転するのに十分な期間と評価されている。

　しかしながら、過去20年間の推移（図表2-42参照）を見ると、上下水道分野

でP3の活用による民間事業者の売上高は、インフレ調整後でもほぼ横ばいの状況が報告されている。P3の種類は変化しており、運営・維持管理による収入は増加傾向にある一方で、設計・施工による売上は1998年の年平均2.2億ドルから2008年の1.3億ドルへと大幅に減少している。また、契約期間が短期化し、民間事業者に移転するリスクの量も減少していることが特徴として挙げられている。

図表2-42　上下水道事業のP3による民間事業者の売上高推移（単位：10億ドル）

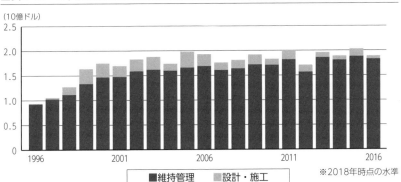

出典：Congressional Budget Office "Public-Private Partnerships for Transportation and Water Infrastructure" を基に筆者作成

　EPAの報告書によれば、アメリカの上下水道事業における運営・管理委託業務の特徴として、自治体が施設の運営・管理に関する改善策やコスト削減策を委託先の民間事業者に求める事例が多いとされている。民間提案が受け入れられた場合、委託契約の終了時、施設更新に民間事業者が参入し、初めて設計・施工を担うというケースが見られる。

　一例として、カリフォルニア州リアルト市では、2003年から10年間、Veolia North America社が業務委託契約により下水処理施設の運営・管理を担当していたが、契約更新時、2013年から30年間のコンセッション契約へ移行したという事例が存在する。リアルト市では、コンセッション方式の採用により、建設事業等による雇用創出効果が発現した他、契約開始5年間で約250万ドル規模の歳出

削減に成功し、空港整備等の予算確保に充てているという実績も公表されている。

4）民間事業者による上下水道の買収

近年、地方政府が所有する既存の上下水道施設を民間事業者が買収し、所有・運営・管理する例が増えている。中小規模の自治体は、所有する水道施設を民間所有に移行することで、財政の合理化を図るとともに、住民サービスの向上に向けた政策的投資が可能となっている。実際に、小規模自治体が維持管理する上下水道施設のうち、安全基準を満たすことができない施設は、民営化により迅速に安全基準の順守が実現しており、なおかつ効率的な運営が行われているとの報告もある。

次項では、民間事業者による水道施設の買収例を概観し、その取り組みがアメリカの上下水道事業における実質的な広域化となっている点について考察する。

（3）民間企業による実質的な広域化

近頃、上下水道施設の運営・管理に強みをもつ事業者が、地方部の中小規模自治体の上下水道施設を買収し、自社で上下水道施設を所有・運営・管理する（民営化する）事例が増えてきている。特に、自社が民営化している上下水道施設と地理的に近い施設や、同一の州法が適用される地域等の近接した自治体の施設を買収するという点が特徴的だ。本項では、民間事業者の取り組みに焦点を当て、民営化の背景や現状について論じる。

上下水道施設の民営化を手掛ける大手水道事業者の例として、American Water社やEssential Utilities社（旧Aqua America社）が挙げられる。これらの企業は、上下水道施設の買収を成長戦略に掲げ、事業規模の拡大を図っている。民営化を手掛ける大手水道事業者は、自社の保有する経営資源やノウハウを活用し、買収した上下水道施設の運営効率化や設備投資の合理化を行う。これにより、安全・安心・安価な水道サービスを顧客に提供しながら、投資対効果の最大化を図っている。アメリカでは、民営化を通じ、上下水道システムの広域化が成立していると言える事例である。次項にて、American Water社とEssential Utilities社の企業概要及び民営化に関する取り組みを整理する。

1）American Water社
①企業概要

　American Water社はペンシルバニア州マッキーズポートに1886年に設立されたアメリカ最大規模の水道事業者である。当初は電力事業も手掛けていたが、1947年以降は水道事業に特化した。2003年には、ドイツの電力大手事業者であるRWE社によって買収されたが、アメリカ社会における水道民営化への反発が強かったため、2005年にRWE社はアメリカの水道事業からの撤退を表明し、2008年にAmerican Water社を売却した。同年、American Water社がニューヨーク証券取引所に上場した。

　2023年現在、American Water社の売上規模は約42億ドルに上り、そのうちの約93％が自社で上下水道施設を所有・運営・管理し水道サービスを提供する民営化事業となる。展開地域は約1,600の自治体に及び、主に貯蔵施設、ポンプ、浄水処理施設、管路、集水施設、下水処理施設、移動施設、再利用施設を所有している。また、州政府が管理する水資源についても、その利用権を有している。

　売上の約7％は、アメリカ軍や市・郡等の地方政府が所有する上下水道施設を運営・管理する業務委託事業となっている。American Water社は、過去には、シェールガス産業向けの事業や各家庭・個人事業主等を対象に水道修理を請け負う世帯向け事業を手掛けていたが、いずれも収益性が低いため事業を売却した。近年では、業務委託による市・郡等の地方政府の上下水道施設の運営・管理事業も収益性が低いため、縮小の方針を固めている。

　図表2-43に、American Water社の企業概要と民営化事業の規模を分野別に整理する。

図表2-43　American Water社の企業概要と民営化水道事業の規模

企業概要	内容
設立年	1886年
本拠地	ニュージャージー州カムデン
従業員数	約6,500人
事業概要	**民営化事業（約9割）** 業務委託事業（約1割）
給水人口（合計）	約1,400万人（24州）
上下水道事業の売上	約42.3億ドル

民営化事業	売上(百万ドル)		顧客数	
住宅用水	2,143	55%	2,893,000	人
商業用水	798	20%	239,000	団体
消防用水	158	4%	4,000	団体
工業用水	167	4%	52,000	団体
公共等	284	7%	19,000	団体
下水	327	8%	279,000	人
その他	43	1%	-	
合計	3,920	100%		

出典：American Water社年次報告書（2023年）を基に筆者作成

　American Water社は、2008年以降、上下水道事業の買収を通じ事業規模を拡大してきた。売上高の年平均成長率（CAGR）は約4%となっている。当期純利益も堅調に推移し、2023年時点の当期純利益率は約28%と高い水準を示している（図表2-44参照）。

図表2-44　American Water社の業績推移

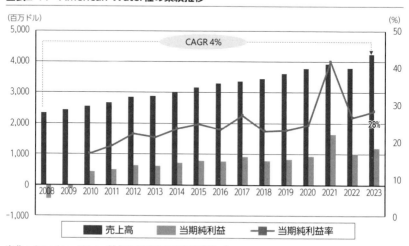

出典：American Water社年次報告書を基に筆者作成

American Water社は、長期戦略計画において、安全性やオペレーショナルエクセレンス、費用及び経費の効率性、水質及び低価格、資産及び資本管理、カスタマーエクスペリエンスを掲げているが、これらの実現に向けて自社で上下水道施設を所有・運営・管理することが望ましいと捉えている（図表2-45参照）。

図表2-45　American Water社の成長戦略及び重点項目

◆成長戦略
・インフラへの設備投資 ・上下水道事業の買収
◆長期戦略計画における重点項目及び指標
・安全性 ・オペレーショナルエクセレンス ・費用及び経費の効率性（運営・管理経費の効率性を含む） ・水質及び低価格 ・資産及び資本管理 ・カスタマーエクスペリエンス

出典：American Water社年次報告書を基に筆者作成

American Water社が成長戦略として、自社の既存施設に近接した上下水道システムの買収を掲げている。理由は、自社が保有する経営資源を活用し、買収した上下水道システムの統合及び管理が可能となるためである。また、買収した上下水道システムを効率的に運営・管理し、設備投資のニーズが高い施設に資源を割り当てることが可能となるためである。American Water社は、自社で上下水道施設を所有・運営・管理することの利点として、他社の新規参入が難しい、料金徴収等の業務による長期計画の策定が容易となる、住民サービスの実施によって安定的な収益性を確保可能といった要素を挙げており、それにより、財務的安定性を享受できるとしている。

買収した上下水道施設について、2018年は15件（約3,300万ドル）、2019年は21件（約2.4億ドル）、2020年は23件（約1.4億ドル）、2021年は23件（約1.1億ドル）、2022年は26件（約3.4億ドル）、2023年は23件（約7,700万ドル）となっている。今後、American Water社の成長戦略としては、人口規模

が3,000〜3万人の自治体を主なターゲットに据え、すでに上水道施設を所有している地域において、下水道施設の買収を進める方針を掲げている。

　自社で上下水道施設を所有・運営・管理する事業において、American Water社はペンシルバニア州やニュージャージー州に重点を置いて展開規模を拡大させている。2014年時点ではペンシルバニア州とニュージャージー州における民営化事業の売上合計は約13億ドル規模で、民営化事業の売上高に占める2州の割合は約47％であった。2023年時点で、2州の売上合計は約19億ドルに増加し、民営化事業の売上高に占める割合は約50％に増加した。図表2-46に、American Water社の民営化水道事業の売上高を地域別に整理する。

図表2-46　American Water社の民営化水道事業の地域別売上高

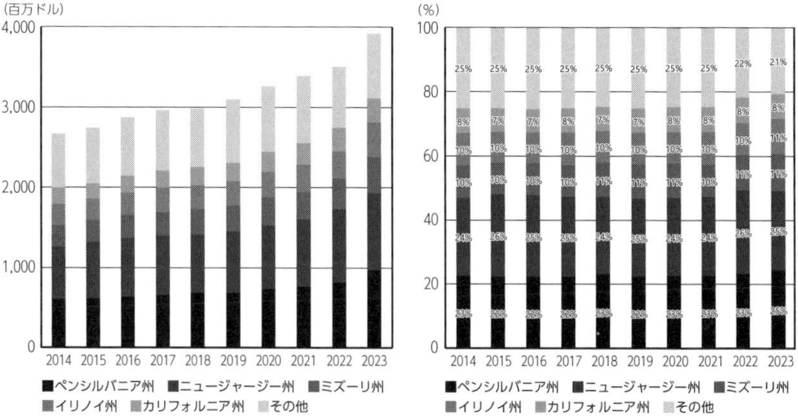

出典：American Water社年次報告書を基に筆者作成

②業務委託事業縮小の要因

　市・郡等の地方政府の上下水道施設の運営・管理業務委託を縮小させている背景とその現状について、契約内容を紐解き、American Water社の事業戦略方針を整理する。

　American Water社の売上高に占める業務委託ビジネスの割合は、過去10年以上10〜15％程度で推移してきた。しかし、American Water社は業務委託

の収益性が低いものと捉えており、2018年には地方政府からの業務委託22件をVeolia North America社に売却した。これにより、全事業の売上に占める業務委託の売上規模の割合は、直近年で7%に低下した。図表2-47が、American Water社の事業別売上規模の推移となっている。

図表2-47　American Water社の事業別売上規模と業務委託比率の推移

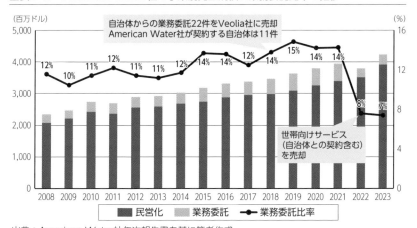

出典：American Water社年次報告書を基に筆者作成

　American Water社が、地方政府所有の水道施設の運営・管理を担当した事例として、2002年にケンタッキー州パインヴィル市と締結した業務委託契約を詳細に検討する。

　委託期間は5年間で、業務範囲は上下水道施設の運営・管理を全面的に受け持つものであることが確認できる。顧客対応業務、例えば検針や料金収受などは、委託業務には含まれていない。

　契約形態としては、性能発注方式が採用されているが、インセンティブが限定的であることが見受けられる。具体的には、施設の修理・保守に関する費用は事前に地方政府によって設定され、年間報酬に含まれている。費用が設定額を超えた場合は、地方政府がAmerican Water社に支払い、逆に設定額を下回った場合はAmerican Water社が地方政府に返還する内容である。また、労務管理費・

人件費により収益を確保する必要があり、年間報酬は初年度の報酬を基準に毎年調整される。さらに、American Water社が効率的な運営・管理を行い、費用削減を達成した場合、その半分が翌年の年間報酬から減額されるという規定がある。

また、American Water社の業務委託ビジネスの領域には競合が多く存在し、競争環境が激化していると認識していて、新規の業務委託や契約の継続を図るためには、以下4つの要素に対して総合的かつ持続的な取り組みが必要であるとしている。

①顧客（発注者）との関係の確立
②運営・管理のサービス品質の向上
③価格の適正化
④技術的専門性等に関する発注者からの評価

既存の契約を維持するためには、発注者である自治体との再交渉が必要となり、新規案件については公開入札方式が採用されるなど、収益性の低下やビジネスが実現しないリスクを伴う要素が存在する。さらに、近年では環境や人々の健康・安全に配慮した厳格な水質基準を州・自治体が法律・条例で設定する傾向が見られ、取り扱う有害物質に関する基準も厳しくなっている。これにより、運営・管理費用が今後も増加することが予想される。また、地方政府には金融信用のため、預金が必要となり、契約を順守できなかった場合には預金額が没収されるなどの措置が取られる可能性がある。さらに、発注自治体が資金調達できない可能性も存在し、これらが事業運営上のリスクとして懸念されている。これらの背景から、American Water社は、業務委託事業の規模を縮小する方針を決定している。

American Water社は、売上に対する運営・管理費の比率を重要な経営指標として認識している。自社で設備投資を行い、維持管理費を抑えることが合理的なのは自明であるが、運営・管理の業務委託では、上下水道施設の所有者である地方政府が個別に投資した設備を運営・管理することになるため、生産効率や維持管理の費用削減は限定的となる。

また、American Water社は、運営・管理の業務委託事業を担っている場合でも、設備投資の決定権をもつことができ、運営・管理に係る各種条件を柔軟に協議できる案件に限定して事業を展開しているとされる。一部の上下水道施設の

運営・管理委託事業をVeolia North America社に売却した結果、売上に対する運営・管理費の比率は82％から72％に減少したという事例も確認されている（図表2-48参照）。

図表2-48　事業別運営管理の効率性指標の推移

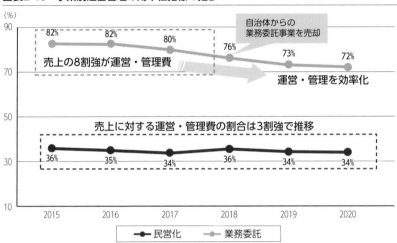

出典：American Water社年次報告書を基に筆者作成

2）Essential Utilities社
①企業概要

　Essential Utilities社（旧Aqua America社）は、1886年にSpringfield Water Company社としてペンシルバニア州スプリングフィールドに設立されたアメリカで有数の水道事業者である。1925年にPhiladelphia Suburban Water Company社に名称を変更し、フィラデルフィア市郊外の58の小規模自治体における上下水道事業を展開した。1990年代前半から小規模自治体を中心に上下水道事業の所有・運営・管理を展開し、2004年にAqua America社に社名を変更し、上下水道事業の買収を拡大させた。2020年ペンシルバニア州ピッツバーグで天然ガス事業を展開するPeoples社の買収を約43億ドルで完了し、Essential Utilities社に社名変更した。

2023年現在、Essential Utilities社の売上規模は上下水道事業の約12億ドルと天然ガス事業の約9億ドルを合わせて約21億ドルとなっている。上下水道事業売上に占める所有・運営・管理（民営化）の割合は約95％、市・郡等の地方政府からの業務委託の割合は約5％となっている。展開地域はペンシルバニア州、オハイオ州、ノースカロライナ州等を中心に8州となっており、給水人口は約330万人に上る。図表2-49に、Essential Utilities社の企業概要と上下水道事業を分野別に整理する。

図表2-49　Essential Utilities社の企業概要と分野別上下水道事業の売上規模

企業概要	内容
設立年	1886年
本拠地	ペンシルバニア州ブリンマー
従業員数	約3,200人
事業概要	**上下水道民営化事業** 上下水道業務委託事業 天然ガス民営化事業
給水人口（合計）	約330万人（8州）
上下水道事業の売上	約11.9億ドル

	売上（百万ドル）	
住宅用水	641	56%
商業用水	181	16%
消防用水	41	4%
工業用水	34	3%
その他	52	5%
下水	187	16%
合計	1,136	100%

出典：Essential Utilities社年次報告書を基に筆者作成

　Essential Utilities社の売上高は2008年の約6.3億ドルから、2019年の約8.9億ドルまで緩やかに増加した。この期間で当期純利益率は24〜33％となっていた。2020年以降天然ガス事業を手掛けるPeoples社の買収により売上高は大きく増加し、2022年には約23億ドルを記録した。2020年以降の当期純利益率は18〜22％で推移している（図表2-50参照）。

図表2-50　Essential Utilities社の業績推移

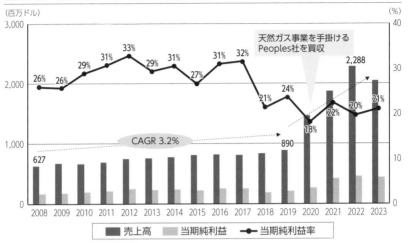

出典：Essential Utilities社年次報告書を基に筆者作成

　Essential Utilities社の民営化による上下水道事業は2014年の約7.6億ドルから2023年の約11.5億ドルまで増加した。年平均成長率（CAGR）は約4.8％となっている。民営化による上下水道事業において、Essential Utilities社はペンシルバニア州に重点を置き、事業を展開してきた。2014年から2017年までは民営化による上下水道事業の売上に占めるペンシルバニア州の売上の割合は55％から52％まで減少傾向で推移したが、2017年以降はペンシルバニア州の売上の割合が増加し、2023年には56％まで上昇した。図表2-51に、Essential Utilities社の民営化水道事業の売上高を地域別に整理する。

図表2-51　Essential Utilities社の民営化水道事業の地域別売上高

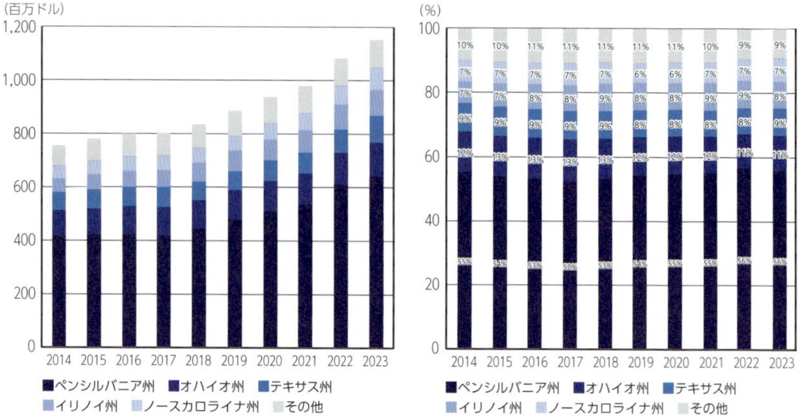
(百万ドル)
1,200
1,000
800
600
400
200
0
2014 2015 2016 2017 2018 2019 2020 2021 2022 2023
■ペンシルバニア州 ■オハイオ州 ■テキサス州
■イリノイ州 ■ノースカロライナ州 ■その他
(%)
100
80
60
40
20
0
10% 10% 11% 11% 11% 11% 11% 10% 9% 9%
7% 7% 7% 7% 7% 6% 6% 7% 7% 7%
7% 7% 8% 8% 9% 8% 8% 9% 9% 8%
9% 9% 9% 9% 9% 8% 8% 8% 8% 9%
12% 13% 13% 13% 13% 12% 12% 12% 11% 11%
55% 54% 53% 52% 53% 54% 55% 55% 56% 56%
2014 2015 2016 2017 2018 2019 2020 2021 2022 2023
■ペンシルバニア州 ■オハイオ州 ■テキサス州
■イリノイ州 ■ノースカロライナ州 ■その他

出典：Essential Utilities社年次報告書を基に筆者作成

②民営化の取り組み事例

本項では、Essential Utilities社による水道施設の民営化の事例について論じる。アメリカの一部の中小規模の地方政府では、財政状況が厳しく上下水道施設の更新費用を捻出できない地域が存在する。これに加え、近年は安全かつ安心な水供給への意識が高まり、EPAが水質基準を厳格化するなど、水道の運営がより高度化している状況にある。運営が困難になっている水道施設をEssential Utilities社が買収し、水質基準を満たすための更新を行うという事例が見受けられる。

具体的には、2014年にEssential Utilities社（当時Aqua America社）は、ペンシルバニア州チェスター郡に位置するペン・タウンシップの下水処理システムを買収した。買収が行われる以前、ペン・タウンシップの下水処理施設の水質はEPAが定める基準を大きく下回っていたとされる。EPAの基準に対して本来100%の順守率を確保するべきであるが、ペン・タウンシップの下水処理施設では35%程度にとどまり、地域の環境汚染の一因となっていた。ペン・タウンシップを含むチェスター郡の南西部は、アメリカ最大の河口域チェサピーク湾の最大の支流であるサスケハナ川の流域の一部である。チェサピーク湾はEPAが水

質保全の政策的重点地域に指定している。サスケハナ川はチェサピーク湾の淡水の総流量の半分以上を供給しており、ペン・タウンシップの水質が順守されていない状況は、人々や環境に対して大きな被害をもたらしていた。実際に、ペンシルバニア州の環境保護局によれば、2014年前時点では、ペン・タウンシップからの排水によって、リン、溶存酵素、沈殿物等が発生し、魚の死滅や水生生物の多様性にも影響を及ぼしていたとされている。

Essential Utilities社がペン・タウンシップの下水処理施設を買収し、2014年からの8年間で約1,100万ドルの投資を行った結果、15種類の水質改善プロジェクトが実現した。チェサピーク湾に排出される近隣河川からの高濃度の総リンや浮遊物の問題は改善され、EPAの定める基準は2017年から100％順守されるようになった。このように、下水道を民営化することによって、水質汚染の問題解決に繋がった事例も存在する。

③Essential Utilities社の成長戦略

Essential Utilities社は、既存の展開地域に隣接した地域または未展開地域における上下水道事業の積極的買収による事業拡大を成長戦略として位置付けている。重点地域に経営資源を集中させ、規模の経済によって効率的な事業運営を図り、余剰分の資金を元に設備投資を行うことを戦略の柱としている。また、個別の水道システムの成果を定期的に評価し、成長機会が限られている場合や、業績が限定的である場合、または自己資本利益率（ROE：Return on Equity）を達成できない場合、水道システムを買収する方針としている。

2016年までEssential Utilities社が重視していた財務指標及び事業成果指標は、1株当たり利益、営業収入、継続事業による収入、普通株主に帰属する当期純利益、普通株式配当率、顧客数、営業収益に対する運営・維持費の比率、売上高営業利益率、株主資本利益率、減価償却費に対する資本支出の比率であった。上下水道システムを所有・運営・管理することで、自社の経営資源を最適に配分し、上記の指標においてより高い成果を生み出すことが可能となる。2016年以降、Essential Utilities社は、財務指標、運営・維持費、EBITDA（償却前営業利益：金利・税金・減価償却を計上する前の利益）、税引前利益を事業成果指標に、基本料金の成長率を、新たに加えている（図表2-52参照）。これにより、運

営・管理の効率化がより重視されるとともに、基本料金を上げるための各種取り組みがより重視されるようになった。

　隣接地域に立地する水道システムの買収、すなわち広域化を図ることにより、売上増加と運営効率化を達成している。

図表2-52　Essential Utilities社の重視する成果指標

2015年以前	2016年以降（2023年）
◆財務指標 ・1株当たり利益 ・営業収入 ・継続事業による収入 ・普通株主に帰属する当期純利益 ・普通株式配当率 ◆事業成果指標 ・顧客数 ・営業収益に対する運営・維持費の比率 　（営業費用率） ・売上高営業利益率 　（継続事業による収入を営業収入で除したもの） ・株主資本利益率 　（純利益を株主資本で除したもの） ・減価償却費に対する資本支出の比率	◆財務指標 ・1株当たり利益 ・上下水道事業の営業収入 ・ガス事業の営業収入（ガス購入費用の控除後） ・運営・維持費 ・EBITDA（金利・税金・減価償却前利益） ・税引前利益 ・当期純利益 ・普通株式配当率 ◆事業成果指標 ・顧客数 ・営業収益に対する運営・維持費の比率 　（営業費用率） ・売上高営業利益率 　（純利益を営業収入で除したもの） ・基本料金の成長率 ・株主資本利益率 　（純利益を株主資本で除したもの） ・減価償却費に対する資本支出の比率

出典：Essential Utilities社年次報告書を基に筆者作成

　Essential Utilities社は、2016年まで比較的小規模な上下水道を買収し、事業を展開してきた。2013～2016年の毎年の買収件数は15～19件であり、買収した水道システムの給水人口は合計約1.2万～1.7万人（1水道システム当たり平均約870人）であった。2017年以降は毎年の買収件数は一桁になり、買収した水道システムの給水人口は1.1万～3.2万人（1水道システム当たり平均約3,900人）に増加した（図表2-53参照）。

第2章
各国における上下水道事業及びPPP/PFIの活用動向

図表2-53　Essential Utilities社の買収件数及び給水人口合計

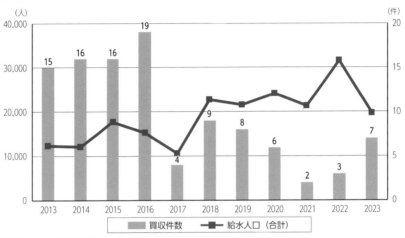

出典：Essential Utilities社年次報告書を基に筆者作成

　Essential Utilities社は、前述の通り、2018年にペンシルバニア州で天然ガス事業を展開していたPeoples社の買収を発表し、2020年に買収を完了した。Peoples社の買収により、Essential Utilities社のガス事業の顧客数は約75万人に増加し、大規模な拡大を遂げた。さらに、2022年には、ウェストバージニア州で元々所有していた天然ガス事業を売却した。これにより、天然ガス事業の顧客の9割以上がペンシルバニア州西部に集中する形となり、同州の天然ガス事業に特化する方向性を示している。Peoples社の買収により、Essential Utilities社の売上合計に占めるペンシルバニア州の割合は、2019年の約5割から、2023年に約7割に増加した（図表2-54参照）。

図表2-54　Essential Utilities社の売上合計の地域別割合

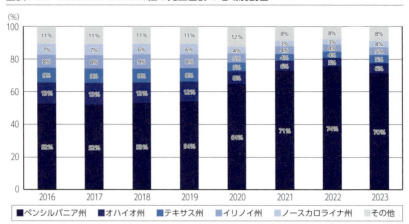

出典：Essential Utilities社年次報告書を基に筆者作成

④ペンシルバニア州で事業拡大を進める背景

　Essential Utilities社は、自社が展開先地域を選出する条件として、規制環境が整備されている点と、魅力的な人口動態を有している点を挙げている。前述したように、ペンシルバニア州は、1972年制定の州法によりホーム・ルールが認められ、州内の地方政府が独自に政策的意思決定を下せるようになった。ペンシルバニア州は、歴史的に公共インフラ事業における民間事業者の参入に対する許容度が高く、交通セクターにおけるP3も認可されている。また、ペンシルバニア州の人口規模は約1,300万人（アメリカ50州のうち人口規模は第5位）であり、潜在的な人口成長率も高いと考えられている。

　州の公益事業委員会は、州内のインフラ分野において事業を展開する約7,000社を監督し、各種規制や取り決めを決定している。Essential Utilities社は、ペンシルバニア州で大規模な水道事業と天然ガス事業を統合することにより、PUCと料金設定に関する交渉を有機的に進めているものと考えられる。すなわち、ペンシルバニア州に経営資源を重点的に割き、魅力的な料金設定の下、売上の確保を図っていると考えられる。

　American Water社とEssential Utilities社の事例を用いて、アメリカの民間

企業による実質的な広域化について論じてきた。次項では、実質的な広域化が起こる背景について、整理する。

（4）実質的広域化に関する考察

1）実質的広域化の利点と課題

　民間事業者が実質的広域化を図る主な利点は、高い収益性の確保といえる。地方政府の水道を業務委託によって運営・管理する場合と比較し、自社で水道を所有・運営・管理する場合は、自社の経営資源を効率的に配分し、収益の最大化を図れる。設備投資を自社で決定できることから、効率的な維持管理も達成可能になる。また、業務委託契約の更新の都度入札が行われる場合、競合他社との競争が行われる。一方、自社所有・運営・管理の場合は、競合他社との競争はなくなるため、安定的な事業運営が可能となるといった利点も挙げられる。

　地方政府が実質的広域化を推進する利点として、上下水道システムに係る費用の合理化を図れる点が挙げられる。また、近年厳格化する水道システムの基準順守に向け、潤沢な資金を有する民間事業者が上下水道システムを所有・運営・管理することで、効率的な維持・管理がなされ、市民の健康や安全、環境も守られる。地方政府予算による維持・管理費や更新等の費用を合理化することで、財政健全化を達成できる他、別の政策に充当できるといった考え方も存在する。

　一方、民間事業者にとって実質的広域化の主な課題は、州のPUC等の承認によって自社の事業が制限される点や、政治的理由によって事業の継続リスクが発生しかねないという点が挙げられる。上下水道施設の買収に際し、州のPUCの定める買収金額や水道料金の採算性が合わない場合、事業の継続性が危ぶまれる。競合他社が近接する地域で上下水道施設の買収を図った場合は、自社の成長が妨げられる可能性がある。また、民営化に反対する反対運動や住民投票等が発生した場合、事業に支障を来たすという恐れも存在する。

　地方政府にとって実質的広域化の主な課題として、民間事業者による継続が難しくなった場合の地域の水道インフラの維持が厳しくなる点や、水道料金が引き上げられることによる住民への負担増が挙げられる。

　図表2-55に、実質的広域化を推進する上での利点と課題を、民間事業者及び

地方政府別に整理する。

図表2-55　実質的広域化の主な利点と課題

	民間事業者	地方政府
利点	・業務委託よりも、民営化することによって自社の経営資源を活用することができるため、事業の効率化が図られやすい ・民営化した場合は、地域に競合が少ないため、競争入札の手間が省ける ・収益性が高く、売上予測が立てやすくなる ・更新の方針を民間事業者が決められるため、効率的な設備投資が可能となる ・更新に必要な資金を自治体が調達できないリスクを回避し、自社で資金調達が可能となる	・施設の運営・管理、設備投資に加え、利用者満足度の向上に向けて、民間事業者の運営ノウハウを生かしたほうが効率的である ・厳格化する環境・安全基準等を順守するためには、施設の運営・管理を民間事業者が実施したほうが効率的である ・維持・管理費用に加え、更新等の地方政府予算の合理化により財政を健全化できる（他の政策等に振り分けられる）
課題	・上下水道施設の買収や水道料金の設定に際し、州のPUCとの交渉が必要となり、認可されない場合は低収益となる ・競合他社や金融事業者等の新規事業者との買収競争が熾烈化しており、上下水道施設の買収価格が本来の価値を上回る可能性がある ・競合他社が既存事業に近接する水道施設を買収することで、自社の成長が妨げられる可能性がある ・市民や団体からの抗議や反対活動、民営化反対の住民投票等があった場合、事業の継続を妨げられる可能性がある	・事業の採算性に応じて民間事業者が撤退することで、地域の上下水道インフラの維持が困難になる可能性がある ・気候変動や自然災害、サイバー攻撃等緊急事態が発生した場合、行政としての介入が限定的となる可能性がある ・民間事業者からの要請に応じて水道料金を値上げした場合、水道利用者の負担が増す

2）アメリカの大手水道事業者を取り巻く環境

　前述の通りアメリカでは多くの上下水道施設において老朽化が進んでおり、抜本的な更新が求められている。また、EPAから鉛管の迅速な更新が要請される中で、膨大な労働力の確保が必要となっている。すなわち、アメリカでは水道インフラの老朽化等に伴う更新ニーズは高い状態にある。

　アメリカの郊外地域を中心に、自治体の財政悪化が顕著となっており、技術面・資金面での問題を背景として、環境基準や安全基準の厳格化に対応しきれない自治体も存在する。政策的な変化により、アメリカの上下水道施設を市・郡等の地方政府が所有・運営・管理するよりも、専門性の高い民間事業者が上下水道事業を担ったほうが効率的に事業を運営でき、かつ厳格化する基準にも対応が可能になると考えられる。

　また、アメリカにおいて、大手水道事業者が証券取引所に上場している点も特

徴的である。American Water社やEssential Utilities社は、運営効率化を図ることで株主価値の最大化を図る必要性に迫られている。業務委託で市・郡等地方政府の水道事業を運営・管理するよりも、民間企業が所有・運営・管理する所に近接した水道を買収することで規模の経済を活用し、自社の経営資源を効率的に配分可能となる。

以上の大手水道事業者を取り巻く環境は、今後熾烈化する可能性が高い。今後とも、大手水道事業者は隣接地域における上下水道システムの買収による規模拡大を図るものと考えられる（図表2-56参照）。

図表2-56　大手事業者が実質的広域化を図る構図

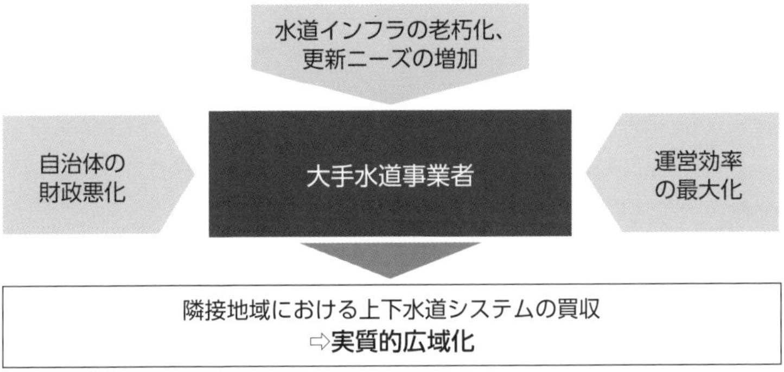

第2章　各国における上下水道事業及びPPP/PFIの活用動向

4 オーストラリアにおける上下水道事業

本節では、オーストラリアの上下水道事業におけるアライアンス契約方式の概要とその背景について整理し、我が国の上下水道事業におけるPPPの活用推進に向けた示唆を抽出してまとめている。

（1）上下水道事業の概況

　オーストラリアと我が国の上下水道事業の比較について、図表2-57にて示す。オーストラリアの上下水道事業の責任主体は、原則として自治体（州政府）であり、料金設定方法は総括原価方式に近いものを採用している。これは我が国の水道事業と比較的類似したシステムである。上下水道事業は、州政府が所有し、大規模事業者の中には、州政府が100％出資する自治体水道公社（Sydney WaterやHunter Waterなど）が経営しているケースも存在する。オーストラリア全土には約300の水道事業体があり、その中の主要な22の事業体が人口の約70％にサービスを提供している。上水道普及率は約93％、下水道普及率は約87％となっており、我が国と同様に高い普及率を誇っている。

第2章 各国における上下水道事業及びPPP/PFIの活用動向

図表2-57　オーストラリアと我が国の上下水道事業の比較

	オーストラリア	日本※4
責任主体	公共（州政府及び地方自治体）	ほぼ公共
水道事業体数	300※1	12,135（2021/3/31時点）
給水人口	2,400万人	1億2,339万人（2021/3/31時点）
総収益	226億8,000万ドル（2019～2020年）※2 （2兆1,279億円）（1A$=93.82円）※上下水道合算	2兆3,000億円 （2019年度）※水道のみ
水道普及率	93%（2020年時点）※3	98%（2021/3/31時点）
上水道管路延長	136,845km（2011年時点）※5	676,500km（2019年時点）
下水道普及率	87%（2020年時点）※3	80.6%（2022/3/31時点）
下水道管路延長	117,606km（2011年時点）※5	490,000km（2020年時点）
水道料金設定	総括原価方式に近い設定 （州公社や一部自治体等が実施する上下水道サービスにかかる水道料金は、州機関である独立価格規制審査局が課金上限額を設定する一方、その他地方自治体にはそのような制限がなく、議決に従って自由に設定できる。）	総括原価方式
料金算定方法	固定料金と従量料金の組み合わせ	固定料金と従量料金の組み合わせ
事業資金調達	州政府の財務当局からの資金調達 信用格付けに基づく金融市場からの資金調達	企業債、補助金等

※1　出典：米国国際貿易局「Australia - Country Commercial Guide」
※2　出典：Australia Industry and Skills Committee ウェブサイト
※3　出典：経済産業省「令和2年度 質の高いインフラの海外展開に向けた事業実施可能性調査事業」
※4　出典：厚生労働省、日本下水道事業団資料他
※5　出典：国土交通省資料

　オーストラリアは、日本と同様に、上下水道インフラの老朽化や上下水道事業に従事する職員の高齢化等による人員不足といった問題を抱えている。しかしながら、人口増加や気候変動（干ばつ）の影響により一定の施設拡張（供給能力増強）も必要とされており、日本とは異なる問題も存在している。

　上下水道事業に従事する人員は約2万7,000人で、平均年齢は44.6歳（2021年時点）である。従事者の約36％が50歳以上となっており、経験豊富な従事者の退職が近づいていることから、上下水処理施設の運転管理員の不足や技術継承が課題となっている。なお、オーストラリアでは、電気技師、土木技師、機械工、配管工が不足している。

　上下水道事業の設備投資額は2015年以降増加し続けており、オーストラリア政府は、上下水道資産の施設更新コストとして全体で940億ドルを想定している。

オーストラリアでは、今後も人口の増加が予定されており、人口増加や干ばつの影響による水供給の需要が高まっている。2010年時点の予測では、オーストラリアの6大都市の水消費量は、2026年までに約40％、2056年までに約65％増加し、毎年約1,000ギガリットル増加すると予測されている（これは、オーストラリア統計局の最新の推計よりも平均18％低い人口推計に基づき計算されているため、上振れする可能性もある）。

　2020年には、上下水道事業を担うすべての地方自治体の約半数が、ライフサイクル投資の優先順位付けのために資産管理計画を策定している。

　なお、Infrastructure Australiaのレポート「Reforming Urban Water」では、気候変動・人口増加・施設老朽化等により、対策を講じなければ、10年以内に現在の料金から約50％、2040年までに2倍近くになる可能性が指摘されている。

（2）PPP/PFIの活用動向

　オーストラリアの公共プロジェクト調達手法には、伝統的な仕様発注、PPP（官民がリスクを分担）、アライアンス契約（リスク分担なし）の3つの手法が存在する。

　1980年代から公共インフラ整備におけるPPPの導入が推進されてきたが、上下水道分野では特定の領域（海水淡水化や水再利用）での活用に限定されていた。1990年代以降、上下水道施設の整備運営は、公営、民営（民間への売却または長期リース）、公設民営（Corporatize：公社からの委託）の3つの方式が主流となっている。

　過去20年間に、オーストラリアで実施された上下水道分野のPPP案件は7件存在する。ビクトリア州で4件、ニューサウスウェールズ州で2件、西オーストラリア州で1件の実績がある。

　また、上下水道事業への民間企業の参画は増加傾向にあり、Sydney Waterは、資本的支出の約90％と収益的支出の約70％を民間企業に委託している。

　以降では、発注者と民間事業者が共同で資本資産を整備し、リスクを共有する手法であるアライアンス契約について詳述する。

(3) アライアンス契約について

　アライアンス契約とは、プロジェクトの発注者と民間事業者が共同で資本資産を整備し、リスクを共有する手法である。アライアンス契約は、1999年代の半ばに英国からオーストラリアへと導入された。道路や上下水道処理施設等の設計・建設を委託するPPP手法の一つであるDB（Design Build）方式において、発注者の意向が反映されにくいという欠点を補うためにオーストラリア各州で発展し、2010年代には広く普及した。その後、連邦政府は「国家アライアンス・ガイドライン」を2015年に策定し、各州はこのガイドラインに準拠しながらも、プロジェクトごとにカスタマイズして利用している。

1）アライアンス契約の基本構造
　アライアンス契約とは、州政府から予算承認を得たビジネスケース（VFMが創出されることが確認された投資計画）に基づいて実施するプロジェクトを、官民（発注者と受託者）で組成される「アライアンスチーム」がリスク管理を行いながらプロジェクトを実行する契約モデルを指す（図表2-58参照）。

図表2-58 アライアンス契約における主要プレイヤーの関係性

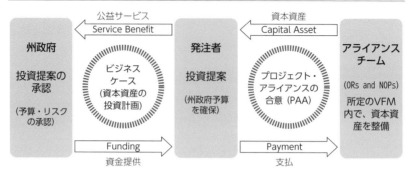

（注）ORs (Owner Representatives)とは、資産を所有する発注者（公益事業会社等）の代表のこと
　　　NOPs (Non-Owner Participants)とは、資産を所有しない受託事業者からの参加者のこと

出典：In Pursuit of Additional Value – A benchmarking study into alliancing in the Australian Public Sector, DTF Victoria, October 2009, P22, Figure 3.1: Accountability and responsibility of the VfM proposition

　アライアンス契約は、アライアンスチーム内で、発注者と受託者がリスクを特定の当事者に分配するのではなく、共有し、合意したプロジェクトの成果を達成するために協力する構造をもつ。

　アライアンス契約と従来の契約手法との主な違いは、アライアンス契約では、プロジェクトの全リスク管理と成果が参加者によって一括して共有される点である。

　そのため、アライアンス契約は、複雑で高付加価値なプロジェクトや、伝統的な仕様発注では達成できない成果を得るために、発注者が受託者と協力する必要があるプロジェクトに適用されている。

　2015年に策定された「国家アライアンス・ガイドライン」では、アライアンス契約は「コラボラティブ調達手法」の一つとして定義されている。

　「国家アライアンス・ガイドライン」では、アライアンス契約以外のコラボラティブ調達手法として、①建設案件で指名候補者を設計段階から関与させる「ECI（Early Contractor Involvement）」、②受託者が作成した設計の精緻化のために指名候補者を早期に関与させる「ETI（Early Tender Involvement）」、③主に建物の設計・施工管理を委託する「管理請負（Managing Contractor）」の3つが

定義されている(ただし、これら以外を排除するものではないとされている)。

従来型のアライアンス契約に法的拘束力はないが、最近ニューサウスウェールズ州で採用されている新型アライアンス契約では、従来の契約(管理請負契約等)に加えて、関係者間で「コラボラティブ憲章」の協定に合意することで、法的拘束力をもたせているものもある。

通常、「国家アライアンス・ガイドライン」に基づき、投資計画の中で、プロジェクト調達手法が何であるべきかが評価・推奨されることが求められる。アライアンス契約については、図表2-59の基本条件を考慮し、適格プロジェクトとしての要件を少なくとも1つ以上満たすことが必要となる。

これらのアライアンスの基本条件と適格プロジェクトの要件から明らかなように、アライアンス契約は、発注者からの十分な資源(人材・知識・資金・時間)の投入とリスク負担が必要となる特性を有している。

図表2-59 アライアンス契約の基本条件と適格プロジェクトの要件

アライアンス契約の基本条件(考慮すべき点)	適格プロジェクト要件(1つ以上該当)
1. プロジェクト規模の要件: プロジェクトの価値が5,000万ドル未満の単純な調達プロジェクトは、通常、アライアンス契約に適さない。 (理由)アライアンス契約によるプロジェクトの調達と実施の両方に関連する初期の立ち上げ管理コストは、発注者及び受託者の双方にとって高くなるため 2. 当局の内部リソース要件: 従来型の仕様発注契約によるプロジェクト調達&インフラ整備と同等のリソースが必要になる。 (理由)アライアンスによるプロジェクトを成功させるために、発注者は、アライアンス契約に関する利益を効果的に代表・管理できる上級管理職を含む、十分な内部リソースを必要とするため	1. プロジェクトにおいて、適切に定義できない、または評価できないリスクがある場合 2. 現在の市場状況での民間セクターへのリスク移転が難しい(法外なコストがかかる)場合 3. プロジェクトのリスク特定やプロジェクト範囲が最終決定される前に、早急に開始する必要があり、それによって生じる商業的リスクを発注者が負うことが可能な場合 4. 発注者が優れた知識、スキル、能力等を有し、プロジェクト開発と実施をリードすることが可能な場合 5. リスクを評価及び管理するため、組織の壁を越えた連携がよりよい結果を生み出す場合(例えば、公共プロジェクトの安全性の維持など)

出典:オーストラリア政府「National Alliance Contracting Guidelines (September 2015)」から筆者作成

2）アライアンス契約の特徴

アライアンス契約は、図表2-60に記載されている5つの要素で構成されている。

1つめの要素は、プロジェクト・アライアンス合意（PAA：Project Alliance Agreement）により、「プロジェクトにとって最善」を発注者と受託者が共同で達成することをめざすという合意が存在することである。これは、発注者の利益や受託者の利益よりもプロジェクトにとっての最善を優先するという意味である。「国家アライアンス・ガイドライン」では、「過失なし（非難なし：no blame）の文化」の確立がアライアンスによる委託手法の核心を成すと述べられている。「過失なし（非難なし：no blame）」は、アライアンスの各参加者がアライアンスへの参加に起因する法的請求権から免除されることを意味する。唯一の例外は、通常、参加者による故意の債務不履行の場合のみである。この条項により、プロジェクトが順調に進まない場合、参加者が互いに非難したり、訴えたりすることが排除される。つまり、プロジェクトでミスやパフォーマンスの低下が生じた場合、参加者は責任を追及するのではなく、連帯責任を負い、その結果を受け入れ、プロジェクトにとって最善の解決策に合意することを各参加者が事前に約束する。その結果、受発注者間での長期的な信頼関係の形成が必要となる。

2つめの要素は、対価の支払がプロジェクトの実費精算と一定の報酬に基づいていることである。これにより、受託者は実費の費用回収が保証される。

3つめの要素は、契約時に設定された目標コストの達成やKPIの達成に基づくペインシェア・ゲインシェア（損失・利益の分配）が設定されていることである。ペインシェアまたはゲインシェアは、発注者と受託者が共に負担する（通常、官民の分配は50:50）ことになっている。受託者のペインシェアには通常上限が設けられ、最悪の場合でもプロジェクト実費は費用回収できるように設定されている。

4つめの要素は、業務範囲やKPIの変更が可能であることである。アライアンス契約は複雑で不透明なプロジェクトに適しているとされているため、契約期間中に、官民双方からの提案により、契約業務範囲やKPIの変更が可能となっている。具体的には、契約書に変更条項が規定されていることで変更が可能となっている。

5つめの要素は、プロジェクト実施のためのガバナンス体制として、受発注者間の密接な情報共有と意思決定の体制が構築されていることである。「リーダーシップグループ」、「マネジメントグループ」、「オペレーショングループ」などのグループが上層部から組成され、官民間で密接な情報共有が行われ、明確な意思決定体制が構築される。

図表2-60　アライアンス契約の特徴

特徴	内容
1.「プロジェクト・アライアンス合意（PAA）」に基づくコラボラティブ経営	官民が以下に合意し、個別の利益よりもプロジェクトの利益を優先する。 ①リスクと機会の共有、②紛争なし（no dispute）へのコミットメント、③プロジェクトに最適な全会一致の意思決定、④過失なし（非難なし:no blame）の文化、⑤善意(good faith)、⑥オープンブック会計による透明性の確保、⑦共同管理体制（利益・損失の共有）
2.プロジェクトの実費精算&それに対する一定率の報酬の支払	受託事業者にとっては、実費及び手数料の回収が保証されている。
3.目標コストの達成やKPI達成に基づくペイン・ゲインシェア	ペインシェアまたはゲインシェア（損失または利益の配分）を発注者と受託事業者の各々が負う（通常、官民の配分は50:50）受託事業者のペインシェアには通常上限があり、最悪でもプロジェクト実費は回収できるように設定されている。
4.業務範囲やKPIの柔軟な変更（契約書条文に変更条項（Variation Clause）あり）	アライアンス契約は複雑で不透明なプロジェクトに向いており、契約期間中に、官民双方からの提案により、契約業務範囲やKPIの変更も必要になることがあるので、柔軟な条項が設けられている。
5.プロジェクト実施のためのガバナンス体制として、官民間の緊密な情報共有と意思決定体制の構築	リーダーシップグループ→マネジメントグループ→オペレーショングループの階層的な意思決定体制が構築され、緊密に情報共有が行われる。

アライアンス契約においては、プロジェクトの発注者が受託者と協力してリスクを管理する。この方式により、伝統的な契約形態で存在する対立関係者間の調整費用（訴訟費用や予期せぬ事態への対応費用など）を削減することが可能となり、これがVFMの源泉となる（図表2-61参照）。

図表2-61　従来型契約(左)とアライアンス契約(右)の発注者のコスト負担の比較

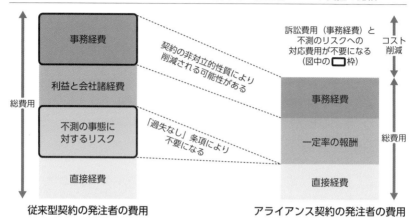

3）アライアンス契約における支払フレーム

　入札過程において、アライアンス開発契約が発注者と受託者（資産を所有しない参加者）間で結ばれ、共同プロジェクトチームにより目標成果コスト（TOC）とパフォーマンス目標が定められる。

　TOCは、プロジェクト特有の直接事業費と間接費からなる実費精算費用、受託者の手数料（利益、会社諸経費）、そしてリスクと不測の事態に対する引当金の見積総額で構成される。これは、受託者により試算され、アライアンス開発契約の下で発注者の承認を得て、金額が確定する。

　アライアンス契約における受託者への支払金額は、①受託者の手数料、②実費請求費用、③追加的報酬（利益配分／ゲインシェア）または追加的支払（損失配分／ペインシェア）の3つの要素からなる。通常、ペインシェアは、受託者の手数料の金額を上限とし、最低でも実費は回収できるように設定される。

4）アライアンス契約の事業者選定手法

　オーストラリアにおいては、インフラ事業に関する入札は、競争入札が原則であるが、予見不能な事態やそれに伴う緊急対応が必要となる場合など、公共の利益が優先されると判断される状況では、投資計画書にその理由を詳細に記載する

ことで、競争の制限が許可されている。

　上下水道事業のアライアンス契約は、資産の大規模な損失や損害、またはサービス提供の中断を防ぐため、この例外に該当するとされている。具体的に用いられている入札手法としては、「価格競争入札」と「非価格競争入札」の2つが存在する。

　価格競争入札は、例えば、8社からの関心表明（EOI）を2社に絞り込み、完全価格競争と部分価格競争を行い、2つのTOCの提案を比較する形式である。

　一方、非価格競争入札は、マーケットサウンディングを行った上で、EOIを募集し、その中から2社を選び出し、非価格競争を経て1社に絞り込む。その後、TOCの設定を官民共同で行う形式である。

（4）SA Water におけるアライアンス契約の活用について

　ここでは2011年にアライアンス契約（以下、旧アライアンス契約）を導入し、その契約が終了した後の2021年に新たなアライアンス契約（以下、新アライアンス契約）を結んだSA Waterの事例を取り扱う。以下では、新アライアンス契約への移行の背景やその効果、旧契約との比較等について検討する。

1）SA Water の概要

　南オーストラリア州に所在する公社、SA Water（South Australia Water）は、アデレード市を中心に、取水から上下水道処理、顧客サービスまでを所管している。アデレード都市圏及び南オーストラリア州内の上水道76万カ所、下水道59万カ所への接続を通じ、約170万人に上下水道サービスを提供している。

　SA Waterは、オーストラリア国内においても早期からアライアンス契約を導入している。

2）旧アライアンス契約の概要

　旧アライアンス契約を受託していたAll water社は、SA Waterの全上下水処理場、送水パイプラインシステム、アデレード首都圏管路網（Adelaide Metropolitan Network）等の運転維持管理を受託していた。SA Waterは、取水及び地方水道への水道用水の供給を継続して自らが実施していた。ただし、海

水淡水化プラントについては、Adelaide Aqua社（民間コンソーシアム）が所管していた。

3）新アライアンス契約の導入背景

SA Waterは、All water社との旧アライアンス契約（2011～2021年）の中で、パフォーマンス管理のためのKPIが多過ぎる（約400個）、マネジメント層の意見の相違がガバナンスに影響を及ぼす、管路維持管理のコストが予想以上に高額になる等の問題に直面した（図表2-62参照）。

これらの問題を解決するため、新アライアンス契約では、イノベーションの可能性がある上水・下水処理をアライアンス契約とし、コストを抑制したい管路管理を管理請負契約（固定費用支払）として、業務に応じて契約手法を分けることとした。

アライアンス契約は、複雑なプロジェクトでリスクを共有する場合に有効であるが、管路管理は複雑なプロジェクトではないため、従来型の契約方式が適切と判断し、アライアンス契約を適用していない。

図表2-62　旧契約の課題と新契約における対応策

課題	対応策
多過ぎるKPI	KPIの数を大幅縮小（従前アライアンス契約400→新アライアンス契約25）
重いガバナンス構造（マネジメント層の意見の相違）	受託者側のマネジメント層メンバーを一新。 現場オペレーション層を強化（インターフェース＆連携グループを新設）
管路維持管理の超過コスト	①アライアンス契約から管路ネットワークの維持管理については切り離し、従来型の管理請負契約とした。 ②通常、実績コストが目標コストを超過して損失が出た場合の官民間のペインシェアは、受託事業者のみに上限が設定されていたが、発注者側にも上限を設け、目標コスト10％を超えたら、100％受託事業者が負担することにした。 ③アライアンス的な協力関係を保持するために、アライアンスパートナーであるSUEZと発注者であるSA Waterがバランス構造に管路ネットワークの受託事業者も含めたコラボラティブ憲章に3者が合意し、かつ、法的拘束力を持たせるべく3者間のインターフェース契約（Deed）を締結した。
財務透明性の向上	①アライアンスパートナーの財務システムではなく、発注者側の財務システムを使用。旧アライアンス契約でもオープンブック会計であったが、財務システムは受託事業者のものを採用しており、月次の報告を受けるにとどまっていた。 新アライアンスでは、受託者に発注者のソフトウエア（ELLIPSE）のプロジェクト・アカウントのみへのアクセスを認める形で利用させており、発注者からは常時、プロジェクトの財務内容が見える状態にした。 ②管路ネットワークの受託事業者も、オープンブック会計に基づき、原価を開示

管路管理について、契約を分けても、従前のアライアンス関係を維持するために、新アライアンス契約では、コラボレーション憲章を設定し、これに拘束力をもたせるための「インターフェース契約」を締結することで、SA Water、アライアンスパートナー（SUEZ社）、そして管路業務の受託者（Service Stream社）の3者間のコラボレーション関係を強化した。事業期間は、当初5年＋（延長）3年＋（延長）2年の2回の延長が可能（最大5年まで延長可能）としている。

4）新アライアンス契約の概要

2021年から新アライアンス契約「アデレード首都圏給水サービス（ASD：Adelaide Service Deliver）プロジェクト（民間委託）」を開始した。

従前から取り組んでいるアライアンス契約の支払メカニズムのゲインシェア・ペインシェアの支払方法は踏襲し、「コラボラティブ憲章」による連携を重視し、単なる意識合わせにとどめず、インターフェース契約の締結により、法的拘束力をもたせた。

新しい委託業務は、「上下水処理施設運転管理業務（Production & Treatment／P&T）」と「上下水管路維持管理業務（Field Operation／FO）」から構成されている。

「上下水処理施設運転管理業務（P&T）」として、提供するサービスは、浄水場の運転管理（5カ所）、水道本管、貯水槽、ポンプ場などの給水システムの運用、下水処理場（5カ所）、ポンプ場等の下水システムの運転管理、再生水工場運転管理、その他機械設備・電気設備・土木施設の保守が含まれ、SUEZ社とアライアンス契約を締結している。

「上下水管路維持管理業務（FO）」では、約9,200kmの水道本管と約7,500kmの下水道本管の管理運営及び緊急対応について、Service Stream社と管理請負契約を締結している。この業務はアライアンス契約ではないが、インターフェース契約によりSA Water、アライアンスパートナー（SUEZ社）とのコラボレーション関係が構築されている。

取水及び顧客への給水はSA Waterが自ら実施し、浄水施設やポンプ場の間を繋ぐ送水管については、3者で協力して対応している（図表2-63参照）。

図表2-63　上水道（上図）と下水道（下図）における業務分担

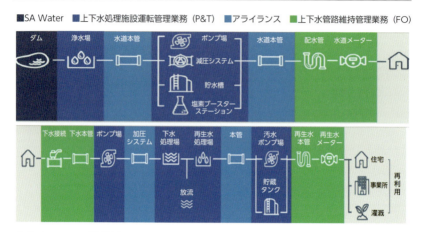

出典：SA Water 提供資料

5）新アライアンス契約の特徴（新旧アライアンス契約の比較）
①ガバナンス構造

　SA Waterは、アライアンスパートナーであるSUEZ社と管路維持管理業務の受託者であるService Stream社との間で、法的に拘束力をもつ「インターフェース契約」を結んでいる。図表2-64に示されているように、ASDのリーダーシップチームに、上下水管路維持管理業務（FO）の受託者であるService Stream社も参加していることが特徴的である。

　この契約と「コラボラティブ憲章」により、プロジェクトチームの一員として最善の行動をとるというマインドセットが形成されている。ガバナンス構造は3層構造となっており、上位の階層ほど戦略的な意思決定を行う。

　「ASD Leadership Team」は、3者間の意思決定、戦略、全体像の検討、目標の進捗状況の確認などを行う。SUEZ社とSA Waterからそれぞれ2名が選ばれている。「P&T Management Team」は、コラボレーションを促進し、KPIなどの評価体制に対するパフォーマンスと財務に責任をもつ。各組織から3名が参加し、全会一致の意思決定を行う。

「P&T Delivery Team」は、すべてのマネジャーが参加しており、SA Waterのデリバリーチームとともにサービス提供に責任をもつ。「Interface and Coordination Group」は、インターフェース（相互の連携）に関する問題を解決する。この階層は、新契約により追加されたガバナンス階層で、旧契約には存在しなかった。

上下水管路業務受託者（Service Stream社）は、アライアンスメンバーには含まれていないが、会議への参加などにより情報共有が行われている。管路業務受託者によると、このガバナンス構造に組み込まれていることが事業への参画意欲を高め、良い結果を生み出しているとのことだった。

図表2-64　アデレード首都圏給水サービス（ASD）プロジェクトのガバナンス構造

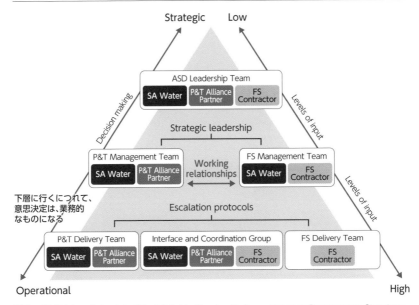

出典：SA Water, Schedule C1: Adelaide Service Delivery Project Governance Structure, Contract Reference: CS8962F（Version 1.0 December 2020）から筆者作成

②旧契約からKPI項目数を削減
　旧アライアンス契約の初期段階では400項目以上のKPIが設定されていたが、新アライアンス契約ではこれが25項目にまで縮小された。「責任を問う事由」（2項目）、「通常業務に関するKPI」（19項目）、「調整基準」（4項目）という3つのカテゴリーにより、合計25項目のKPIが設定されている。
　「責任を問う事由」では、財務的影響をもたらす重大な事象や障害として「監督機関からの起訴や制裁」、「監督機関からの罰金」という2項目が挙げられている。これらは発生した事由ごとにペナルティが課される仕組みとなっている。
　「通常業務に関するKPI」では、顧客満足度や従業員のエンゲージメント、苦情件数等が月次、四半期ごと、年次で評価されると規定されている。例えば、既存資産の長寿命化が「保守・改修分野」のKPIの一つとなっている。2016年からSA Waterが州政府の規制対象となったことで、複数の規制当局から要求される水準に対してKPIが設定されている。大部分は顧客に関連するKPIであり、予期せぬ事態に対しては協議の結果、免責となることもある。
　「調整基準」は、以前の契約には存在しなかったもので、ジェンダーや先住民への配慮、規制順守などが含まれている。これらが達成できなかった場合には、その年に支払われるインセンティブが減額される仕組みになっている。
　「通常業務に関するKPI」19項目が計算された後に、「責任を問う事由」や「調整基準」のKPIの確認により、受託者の手数料に適用され、年間のインセンティブ支払やペナルティの設定に影響を及ぼす形となっている。

③支払手法
　受託者が毎月受け取るサービス対価は、実際に発生した変動費と固定費に基づいて計算される（図表2-65参照）。
　一方、インセンティブの支払やコストの支払（減額措置）は、年次予算コスト（ABC：Annual Budget Cost）と年次実績コスト（AAC：Annual Actual Cost）の比較及びKPIの達成状況に基づき、各年度末に調整される。ただし、受託者によるペインシェアの支払分担は、損失の60％までかつ下限が設定されているため、受託者の減額は限定される。

第2章 各国における上下水道事業及びPPP/PFIの活用動向

図表2-65　アライアンス契約のパフォーマンスに対するインセンティブ・コスト

CRR：Cost Risk Reward
（コストのリスク＆報酬）
サービス料金の最終支払額に対する調整額

ABC：Annual Budget Cost
（年次予算コスト）
固定費と変動費に基づき毎年決定される予算額

RAL：Risk Abatement Limit
（リスク支払適用の上限）
受託者のペインシェア支払はRALまでを上限とする
（通常は、受託者の手数料を上限とする）

AAC：Annual Actual Cost
（年次実績コスト）
実費精算された実際のコストに基づく金額

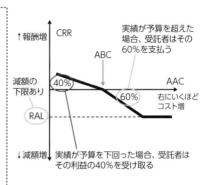

出典：SA Water 提供資料から筆者作成

④オープンブックによる透明性の向上

　オープンブックとは、発注者が委託費を支払う際に、支払金額とその対価の公正さを明示するために、受託者が発注者にすべてのコストに関する情報を開示し、発注者または第三者が確認する方式を指す。

　以前のアライアンス契約では、SA Waterは受託事業者から定期的に財務報告を受けるのみであったが、新たなアライアンス契約では、SA Waterが使用しているソフトウエアをアライアンスパートナーのSUEZ社に使用させている。SA Waterは自身が所有する資産全体の財務システムからアライアンスプロジェクトに関わる部分のみを抽出し、これに対してのみ、アライアンスパートナーにアクセス権を付与している。これは、入札時にSUEZ社から提案されたもので、オープンブックによる透明性の確保により、他社との差別化を図ったものである。

　この結果、アライアンスパートナーはSA Water全体の財務システムを見ることはできないが、SA Waterは常にプロジェクトの財務システムを見ることが可能となり、透明性が確保されている。

⑤業務改善プログラム（Business Improvement Program）

　新アライアンス契約において、初めて業務改善プログラム（Business

Improvement Program）という要素が導入されている。具体的には、SUEZ社は業務受託から5年目に、初年度に対し9％のコスト削減を達成するという規定が設けられている。

⑥知識移転プログラム（Knowledge Transfer Program）
毎年、SUEZ社が海外の他の事業で獲得した知識やSA Waterの知識の共有化が計画され、実行されている。

6）管路管理請負契約について
アライアンス契約は、実費に加えて一定の比率で手数料を支払うことが基本となっている。

この支払方法では、イノベーションや生産性の向上が困難な管路維持管理業務の場合、発生した対応件数に比例して実費が増加し、目標コストを大幅に超過する可能性が存在する。実際に、旧アライアンス契約では、追加コストを考慮せずに管路の下請けへの発注が頻発し、ペインシェアの上限が設定されていなかったため、発注者の費用負担が増加した。

この経験を踏まえて、新契約では、管路維持管理については従来の管理請負契約（固定価格）を採用し、新アライアンス契約とは別の契約を結んでいる。ただし、以下の4点のアライアンス的な要素を追加している。

①**発注者にもペインシェア上限を設定**
コストの10％超過までは、受発注者で折半し、それ以上は、すべて受託者が負担することになった。これにより、事故対応に使用する技術を吟味するよう（新技術の使用ではなく、コストに見合う技術を採用するなどの工夫をするよう）になったことで、目標コストを意識した運営がされるようになった（業務内容によって単価は固定されており、量的リスクは発注者側が負担している）。

②**「コラボラティブ憲章」の合意、法的効力のあるインターフェース契約の締結**
アライアンスパートナー（SUEZ社）とSA Waterと管路管理サービス請負事業者（Service Stream社）との3者間で連携強化することを義務付けている。

③「One Team, One brand」哲学の導入

上下水管路維持管理業務（FO）を担当するService Stream 社は、「アデレード首都圏給水サービス（ASD）プロジェクト（民間委託）」のガバナンス構造に組み込まれている。

これにより、上下水処理施設運転管理業務（P&T）を担当するSUEZ 社と意思決定、意見交換、研修などの日常的な交流と意思疎通が可能となり、協調性が向上している。管路維持管理業務を担当するService Stream 社にとって、これはSA Waterの顧客に対する最善のサービスを提供し、よりよい成果を生み出すための動機付けとなる仕組みとして機能している。事故が発生した際には、迅速な対応が可能となり、SUEZ 社の職員と協力して被害を最小限に抑えることができている。

さらに、受発注者双方の職員が着用するユニフォームや車両のロゴを統一すること、受発注者間での継続的な対話の場を設けることなどにより、「One Team, One brand」の意識を高めている。

④業務内容の変更を可能にする条項の付与

本契約においては、契約期間中に予定外の業務が発生した場合でも、提案により業務の変更が可能な柔軟性が保証されている。

この柔軟性は、「アデレード首都圏給水サービス（ASD）プロジェクト（民間委託）」のガバナンス構造に組み込まれており、SA WaterのCEOや職員との定期的な交流により、受託者側からの革新的な提案が容易に提出できる環境が整備されている。

第2章　各国における上下水道事業及びPPP/PFIの活用動向

5　韓国における上下水道事業

韓国の上下水道事業では、官官連携や官民連携の導入が行われており、その背景や導入時の課題等について整理した。これらの情報を我が国の上下水道事業におけるPPP手法の活用推進の参考となるべく、本節にてまとめた。

（1）上水道事業の概況

　韓国は1961年に水道法を制定し、地方公共団体を水道事業の主体と位置付けた。事業主体としては、広域上水道を担当する水資源公社（K-water）と地方上水道事業を担当する161の地方自治体が存在する。1970年代の経済発展が爆発的な水需要を生み出し、これに対応するためにK-waterを主体とした広域上水道による用水供給が拡大した。2021年には上水道普及率が99.4％に達した。

　韓国の上水道事業は、K-waterが管轄する広域上水道事業と地方自治体が管轄する地方上水道事業に分けられる。広域上水道事業は、図表2-66に示す通り、取水から広域浄水場での浄水処理までを担当する。広域浄水場から需要者までの給水は、地方上水道事業が担当する。

図表2-66　韓国の上水道事業の構造

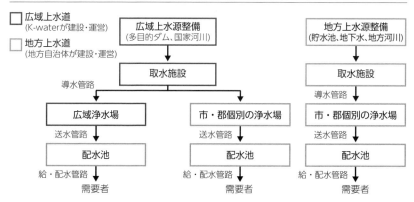

出典：韓国環境部資料から筆者作成

　広域上水道事業は、K-water が韓国政府環境部の監督下で全国統一料金を賦課して運営しており、大規模な施設と多くの給水人口をもつため、規模の経済が機能し、生産原価が相対的に低く抑えられている。これが結果として料金回収率を高い水準に保つ要因となっている。

　一方で、地方上水道事業は各自治体が独自で料金を設定し運営しており、地域間での料金格差が大きい。さらに、施設規模が小さく給水人口が少ないため、生産原価が相対的に高くなり、料金回収率が低下している。この結果、財政健全性に問題を抱える一部の小規模自治体では、水道事業の運営や施設改善事業をK-waterや環境公団（K-eco）に委託している事例も見受けられる。

　現在、地方上水道161カ所中、23自治体がK-waterに、4自治体がK-ecoに運転維持管理を委託している。委託を行った地方自治体の大部分は、人口減少と上水道事業の収益性の悪化に直面しており、老朽化した上水道設備の更新に必要な自主財源を確保できない小規模な地方自治体が主となっている。

　広域上水道には、38カ所の浄水施設があり、地方上水道事業では、444カ所の浄水施設がある。広域上水道の浄水場の稼働率は、約91.2％、地方上水道の浄水場の稼働率は、約75.1％となっている。地方上水道事業の浄水場の稼働率は、広域上水道事業と比べて低くなっており、これは、地方の人口減少を予測で

きずに地方上水道施設へ過剰投資が行われたことが原因となっている。

　設置後21年以上が経過した管路は、全体の35.9％を占めており、水道管の老朽化による有効収率の低下が深刻な問題となっている。そのため、上水道管路の更新事業（上水道現代化事業）が2017年から韓国政府の主導のもとで行われている。

　韓国の上水道事業（広域水道と地方水道を合わせたもの）の料金回収率は、2000年代初頭に80％台後半に達した後、徐々に下降し、近年では70％台前半に落ち込んでいる。料金回収率が低い地方自治体では、財政健全化のために料金の引き上げが必要となるが、水道料金の値上げには地方物価審議委員会の審議と地方議会の議決を経る必要がある。地方議員は市民の反発を意識し、水道料金の値上げに反対する傾向があることに加え、小規模自治体の市民の所得が大都市の市民と比べて低い水準にあり、料金値上げの負担感がさらに大きいという点が値上げを難しくしている。

　韓国の上水道事業は、原則として受益者負担となっているが、料金回収率が100％に達していない（2021年時点で72.9％）ことから、国庫及び道（日本の都道府県に該当）による財政支援が行われている。広域上水道事業の浄水場の建設費用は、水道法に基づきK-waterの予算で行われ、浄水場以外の施設は、政府とK-water及び地方自治体が建設費用を分担している。

　一方、地方上水道事業の場合、建設事業の財源は地方自治体の予算により賄われることが原則であるが、小規模自治体の財政の脆弱性を考慮し、国及び道（日本の都道府県に該当）による支援が行われている。2021年の地方上水道事業の総収入額10兆3,560億ウォンのうち、国や道からの補助金の比率は18.3％であり、補助金のうち国庫補助金が42.2％を占め、最も高い比率となっている。支出に関しては、施設の新設や改良などの工事費が34.6％で最も高い比率を占め、修繕維持費、賃金、電力費用などで構成された維持管理費が28.8％、K-waterが供給する広域水道からの受水費が12.8％を占めている。

　広域上水道料金は、韓国政府企画財政部長官が定める「公共料金算定基準」と韓国政府環境部長官が定める「水道料金算定指針」に基づき、地方自治体及び産業団地への広域上水道供給に必要な総括原価を満たす水準で算出され、環境部長官の承認を経て確定される。

広域上水道料金は、国土の均衡発展をめざし、水道法により統一料金が適用されることが規定されている。広域上水道料金は、K-waterが所管官庁である環境部へ料金変更案を提出し、環境部内の水価格審議委員会（委員長1人、供給者代表2人、需要者代表4人、消費者団体代表2人、水道事業の専門家6人の計15人で構成）にて料金変更の妥当性を検討し、その後企画財政部と協議して料金変更の可否を決定する。しかし、その時々の政権の政策（コロナ禍の負担軽減措置や物価高）により料金値上げの凍結も行われている。

地方上水道は、全国単一料金体系である広域上水道とは異なり、全国161の地方自治体が各自治体の「水道給水条例」に基づき料金を賦課している。地方上水道料金は、毎月定額で賦課される口径別定額料金と用途別の使用料金の合計で構成される。地方上水道の生産原価は、施設、給水人口が大きく、規模の経済が働く広域上水道と比べて高く、料金回収率は広域上水道に比べて低い。

地方上水道料金は、給水人口が多く税収が多い大都市に比べて、小規模な地方自治体のほうが高く、事業体間で最大で4倍程度の料金格差が発生している。

（2）下水道事業の概況

韓国では、1966年に下水道法が施行された。1970年代半ばには下水処理施設の建設計画が策定され、1976年にソウル市内に清渓川下水処理場が設立された。

1980年代に入ると、環境改善問題への認識が深まり、下水道事業の管轄が環境庁（現在の環境部）に移され、下水処理施設への集中投資などの政策が立案された。

1980年代後半までの下水道普及率は30％台にとどまっていた。その結果、1980年代半ばから1990年までの間に年間約100件以上の水質汚染事故が断続的に発生し、特に1991年には「洛東江フェノール事故」と呼ばれる韓国史上最悪の水質汚染事故が発生した。この事故をきっかけに、河川の水質管理に必須な下水道施設の拡充への需要が急増し、大規模な下水処理施設の建設が進められた。韓国政府は、下水道普及率を短期間で向上させるという成果を明確に示すため、下水管路よりも下水処理施設の整備を優先的に行った（韓国では、下水道普

及率は、総人口に対する下水処理区域内人口の割合で定義されるため）。

　このような政策の影響により、1991年から1999年までの間に韓国全土で約110カ所の下水処理施設が完成した。1991年に35.7％だった下水道普及率は、2001年には、73.2％となり、1990年代の下水道普及率は約2倍に増加した。

　しかし、下水管路の延長は約1.6倍増にとどまり、下水処理区域の面積ほど下水管路の整備が進まなかった。そのため、2000年代に入ると下水管路の追加整備の必要性が認識され、景気活性化や地方自治体の財政負担軽減などを目的に、多くの事業が民間投資事業（我が国でいうPPP/PFI）で実施された。下水処理施設は、2000年代までに大部分の整備が完了し、韓国全土に下水処理施設（一日の処理量が500㎥以上）は704カ所存在し、管路総延長は16万7,409kmになり、下水道普及率は、2021年に94.8％に達している。

　韓国では、流域内の各市町村から発生する下水を効率的に集めて処理する下水道（流域下水道事業）は存在しないが、近年、運営管理効率化等をめざし、主要流域別に公共下水道事業を統合する計画が策定されている。

　また、韓国の下水道事業は、分流式と合流式の2つが存在するが、大部分は分流式により処理されている。近年では、合流式を分流式に整備する工事が進行中である。そして、韓国の下水道事業は、民間投資事業や民間委託を積極的に活用しており、下水処理施設の整備にはBTO方式、下水道管路の整備事業にはBTL方式が頻繁に採用されている。民間企業への運転維持管理の委託も盛んに行われている。2022年時点で、下水処理施設4,339カ所のうち81.7％に当たる3,544カ所が民間委託により運営されている。

　下水道事業では、施設等の建設費は国庫と地方自治体の財源、そして利用者負担金によって賄われるよう規定されている。しかしながら、料金の回収率は全国平均で45.3％（2021年）と極めて低い水準にとどまっているため、必要な経費の大部分は、政府からの補助金と地方債によって補填されている。

　下水道料金も、161の地方自治体がそれぞれの条例等に基づき設定している。この結果、地方上水道事業と同様に、各自治体の施設規模や老朽化の度合いにより、料金に大きな差異が生じている。

(3) 民間投資事業（PPP/PFI）について

韓国では、1990年代以降、経済の成長と所得水準の向上に伴い、社会基盤の整備に対する需要が増加した。しかし、財政状況が厳しく国庫からの支出が困難であり、利用者負担原則が適用可能な事業（BTO、BOO事業方式）を中心に、民間資本の活用が模索された。その結果、1994年に民間資本導入促進法（The Private Capital Inducement Promotion Act）が制定され、さらに1999年にはインフラ民間投資法（The Act on Private Participation in Infrastructure）へと改正された。

1）制度及び法令変遷について

民間投資制度と法令の変遷は、図表2-67に示されている。

初期の韓国の民間投資事業は、有料道路や鉄道などの交通インフラプロジェクトにおけるBTO案件を中心に展開された。

1999年にPPI法が施行され、民間提案方式とMRG（Minimum Revenue Guarantee：最小運営収入保障）制度が導入された結果、民間投資事業への投資額は大幅に増加した。さらに、2005年の「インフラ民間投資法」の改正により、BTL（Build Transfer Lease）方式が導入され、図書館、博物館、美術館、下水管路などの事業数が大幅に増加した。しかし、2007年のサブプライム危機と2009年のMRG制度の廃止により、民間投資事業への投資家の関心は低下した。

これに対応するため、政府は2014年からMCC（Minimum Cost Compensation：最小費用補填）制度とBTL方式による民間提案制度の導入など、多様な手法を用いて民間投資市場の活性化を試みた。

2017年と2018年には民間投資額が急増したが、これは高速道路や鉄道案件などの大規模な投資案件が存在したためである。

図表2-67 制度及び関係法令の変遷

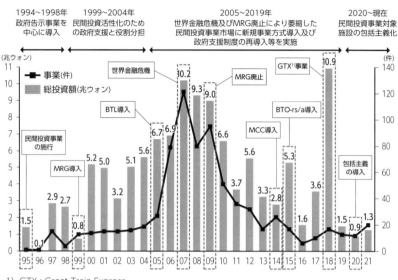

1) GTX : Great Train Express

　2021年のデータに基づくと、民間投資事業の施設別実績（図表2-68参照）は、教育事業が最も多く254件を数え、それに続くのは環境事業の215件と国防事業の93件である。投資額の観点から見ると、道路事業が最も大きな投資を受けており、その額は47.4兆ウォンに上る。次いで鉄道事業が28.5兆ウォン、環境事業が16.1兆ウォンとなっている。環境事業は、「下水管渠整備」、「下水管路整備」、「公共下水処理施設」、「廃水終末処理施設」等の下水道関連事業が主体となっており、BTL、BTO、BTO-a（後述）等の事業方式が活用されている。

第2章 各国における上下水道事業及びPPP/PFIの活用動向

図表2-68　対象施設別の民間投資制度の導入状況

(単位: 件、億ウォン)

区分	事業数	比重	総投資額	比重	区分	事業数	比重	総投資額	比重
教育	254	32.3%	108,669	8.9%	福祉	20	2.5%	8,015	0.7%
環境	215	27.4%	161,758	13.2%	鉄道	18	2.3%	285,101	23.3%
国防	93	11.8%	68,228	5.6%	空港	14	1.8%	8,256	0.7%
道路	66	8.4%	474,650	38.7%	流通	6	0.8%	12,114	1.0%
文化観光	41	5.2%	19,514	1.6%	情報通信	7	0.9%	2,810	0.2%
港湾	17	2.2%	72,159	5.9%	住宅	1	0.1%	237	0.0%

出典：PIMA年次報告書（2021）から筆者作成

　韓国の民間投資事業では、BTO方式とBTL方式が主に採用されている。これらは、Build（建設）とTransfer（所有権移転）後のOperate（運営）またはLease（賃貸）という事業運営方式に差異がある。BTO方式は、利用者からの使用料を通じて投資回収が可能な独立採算型で、主に高速道路、港湾、鉄道、下水処理場などに適用される。一方、BTL方式は、利用者からの使用料を通じての投資回収が困難なサービス対価型で、学校、寮、文化福祉施設、下水管路などに主に使用される。

　韓国の民間投資法によれば、BTO、BOT、BOO、BTLなどの方式が利用可能であるが、大部分の事業はBTO方式またはBTL方式で実施されている。事業方式別の実績を見ると、1992年から2021年までの間に実施契約が締結された786件の民間投資事業のうち、BTO方式などの収益型事業（独立採算型）は269件（34.2%）、BTL方式などのサービス対価型の事業は517件（65.8%）である（図表2-69参照）。収益型事業の実施件数の大部分をBTO方式が占めている（実施件数は246件で総投資費は82.7兆ウォン）。また、2015年には、BTO-rs（BTO-risk sharing：リスク分担型）とBTO-a（BTO-adjusted：損益共有型）という新たな事業方式が導入されている。

図表2-69　事業方式別民間投資事業の導入状況（2021年時点）

		事業数 (件)	総投資額 (億ウォン)	平均投資額 (億ウォン)
収益型 (独立採算型)	BTO	246 (31.3%)	827,890 (67.5%)	3,365
	BOO	7 (0.9%)	10,944 (0.9%)	1,563
	BOT	4 (0.5%)	6,579 (0.5%)	1,645
	BTO-a	11 (1.4%)	9,396 (0.8%)	854
	BTO-rs	1 (0.1%)	41,047 (3.3%)	41,047
	小計	269 (34.2%)	895,856 (73.1%)	3,330
賃貸型 (サービス対価型)	BTL	517 (65.8%)	329,891 (26.9%)	638
合計		786 (100%)	1,225,747 (100%)	1,559

出典：PIMAC年次報告書（2021）から筆者作成

2）上水道事業における民間投資事業

　韓国の上水道事業では、民間委託は行われていない。安全保障の観点や政界、市民団体からの強い反発が存在するためである。この否定的な認識の背景には、上水道事業の公共財としての性格への認識だけでなく、1997年のアジア通貨危機時に電力や通信等の基幹産業の民営化が進行し、韓国国民が民営化に対して否定的な認識をもつという事情がある。その結果、韓国政府出資の公社であるK-waterが広域水道事業を運営し、一部の地方水道を受託するにとどまっている。

3）下水道事業における民間投資事業

　下水道事業は地方自治体が運営し、財政状況の厳しさや民間投資に対する国民の反発がないことから、施設整備や運転維持管理においてBTLやBTOといったPPP手法の導入が進行している。下水処理施設の整備事業については、50件中49件がBTO及びBTO-a方式で実施され、下水管路の整備事業については107件中106件がBTL方式で実施されている。

下水道施設の維持管理運営業務においては、投資が不要なものについては民間委託が盛んに行われている。全4,339カ所の下水処理施設のうち、3,544カ所が民間委託形態で運営されており、その割合は81.7%に上る。これにより、民間委託の利用が一般化していることが確認できる。

2009年、環境部は地方自治体が直接運営する下水処理施設の平均運転維持管理費用が1㎥当たり119.9ウォンである一方、民間委託されている下水処理施設の平均運転維持管理費用が1㎥当たり89.4ウォンであると発表した。これは民間委託による成果が創出されていることを示している。

4) 民間投資事業における特色ある取り組み等について

以下では、韓国政府が民間投資事業を活性化する目的で実施した特色ある取り組みを紹介する。

①MRG 制度と MCC 制度について

韓国においては、民間投資事業を活性化するため、1999年にMRG制度、2014年に MCC制度が導入された（図表2-70参照）。

MRG 制度は、民間事業者への過大なリスクの移転を防ぐため、発注者が受託者の予定収益の一定割合を保障する制度である。

MRG制度導入後、過大な需要予測による発注者から受託者への多額の財政支援金の発生や事業収益率及び運営費が全期間にわたって固定されており、金利が引き下げられたにもかかわらず、毎年の料金値上げや財政支援金の支払が増加していることに対して、国民からの批判が発生した。

これを受けて、韓国政府は 2009年に MRG制度を廃止した。その結果、社会基盤施設の整備・運営に関する需要リスクの大部分を民間事業者が負担することになり、民間投資市場は急速に縮小した。韓国政府はBTL 事業での民間提案制度の導入等が盛り込まれた民間投資事業活性化対策を実施したが、民間投資事業の活性化には至らなかった。

そのため、韓国政府は、2014年に新たにMCC 制度を導入した。MCC制度は、年間運営収入が民間事業者の必要とする、年間最小事業運営費より低い場合、その不足分を管轄官庁が財政支援を行う方式である。実際の年間運営収入が

年間最小事業運営費を支払った後も残る場合、その残金で総民間投資額(管理運営権対価)の償却及び管轄官庁による還収が行われる。運営収入で民間の投資費用の償還が難しい場合、施設の無償使用期間を最長50年まで延長できるようにするものの、期間満了時までの償還が難しければ管轄官庁が償還しきれなかった投資費用の70%だけを補償し、無償使用期間を終了することにしている(図表2-71参照)。MCC制度には、このような構造により、民間事業者の破綻を防止するための費用(政府支出)を必要最小限に抑えられるという長所がある。

図表2-70　MRG制度とMCC制度

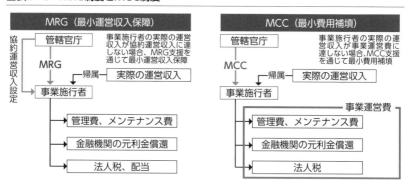

図表2-71　MCC制度における無償使用期間延長の流れ

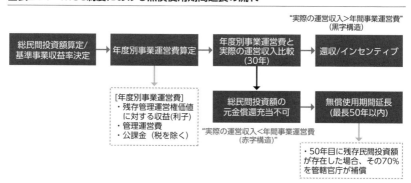

②BTO-rs（リスク分担型）事業方式について

　韓国政府は、民間投資事業の活性化を図るためにBTL事業方式を導入したが、2009年にMRG制度を廃止した結果、高速道路や鉄道等の使用料を通じて投資費の回収が可能な施設に適したBTO事業方式の活用が減少した。

　これを受けて、韓国政府は2015年にBTO-rs（リスク分担型）事業方式とBTO-a（損益共有型）事業方式を導入した。これらの方式は、発注者と受託者の適切なリスク負担が民間投資事業の成功に重要であるとの認識から設定された、ミドルリスク・ミドルリターンの方式である。

　BTO-rs事業方式（図表2-72参照）は、民間事業者にとって、政府が一定程度のリスクを負担することにより、民間事業者が負担するリスクが減少するという利点がある。しかし、既存のBTO方式に比べて期待収益率が減少する点や、後述する2019年に追加された規定により、民間事業者の関心が低調である。発注者は、一部の投資リスクを分担し、分担部分に対する収益率、運営収入の帰属及び運営費用の分担比率等を実施契約で定めることが可能である。

　例えば、発注者と受託者は施設投資費と運営費を算出した後、その金額を投資リスク分担基準金として算定し、分担率を決定する。これにより、各年度の実際の運営収入が実施協約で定めた基準金の水準に達しない場合、不足分に対して発注者の分担比率だけ財政支援が可能となり、実際の運営収入が基準金を超過する場合、超過分に対して分担比率分だけ還収可能となる。

　しかし、2019年には、「財政支援金の総額は管理運営権設定期間中に還収された利益の総額を超過することはできない」という規定が新たに追加され、管理運営権設定期間中に運営収入を通じて利益を発生させられなかった場合、財政支援金を受け取ることができない構造に改編された。大部分の収益型民間投資事業は、還収利益が発生していないため、この改編により、多くの民間事業者の関心が低調となっている。

図表2-72　BTO-rs の事業構造

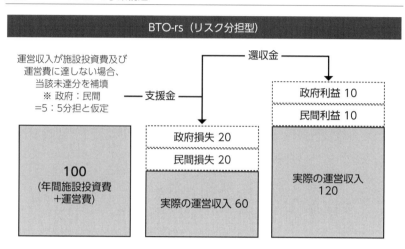

出典：韓国京畿研究院「京畿道民間投資事業のリスク類型別政府負担比較研究」(2022) から筆者作成

③BTO-a（損益共有型）事業方式について

　BTO-a事業方式（図表2-73参照）は、発注者が民間事業者の投資費用を補填する事業構造を採用している。具体的には、施設の建設及び運営に必要な最小限の事業運営費を発注者が支援し、民間投資事業のリスクを軽減することをめざしている（ただし、事業運営費の全額を補填するのではなく、実施協約において設定した最小事業運営費を補填する）。

　従来のBTO事業方式では、民間がリスクを負担する代わりに料金決定権をもつため、公共施設等の利用料金が高騰するという問題が生じていた。しかし、BTO-a事業方式では、政府が民間のリスクを一部負担することで施設利用料金を抑制し、公共が運営する場合の料金水準と類似させるという利点がある。

　BTO-a事業方式は、発注者が実施契約で設定した施設の最小事業運営費を補填することにより、民間事業者の破産リスクを軽減するという利益をもたらす。

民間投資事業基本計画の関連規定によれば、発注者は、毎年度の運営収入から変動運営費用を差し引いた金額が契約で定められた該当年度の投資リスク分担基準金に達しない場合、その不足分を財政支援する方式で投資リスクを分担する。すなわち、毎年度の実際の運営収入から変動運営費を差し引いた金額（貢献利益）が契約で規定した管轄官庁の毎年度投資リスク分担基準金に達しない場合、政府が不足分を財政支援し、民間事業者も一定水準の損失を共有する。また、貢献利益が投資リスク分担基準金と未保全民間投資費の総計を超過すれば、超過金額の一部を還収することが可能である。

図表2-73　BTO-a の事業構造

出典：韓国京畿研究院「京畿道民間投資事業のリスク類型別政府負担比較研究」（2022）から筆者作成

④混合型（BTO+BTL）事業方式の概要

混合型（BTO+BTL）事業方式（図表2-74参照）は、BTO事業方式において

収益性が不足し、目標収益率の確保に多額の投資が必要となる場合や、BTL事業方式による遂行が困難な事業に対して、2020年から導入された方式である。

　この方式は、BTO方式とBTL方式を組み合わせたもので、「施設利用者からの使用料」と「政府からの賃貸料（サービス対価）」により投資費を回収するものであり、2023年に鉄道事業で初めて適用された。政府が政府支援金としての一部を負担することで、民間投資事業の活性化を図る。

　BTO部分の使用料収入に加えて、BTL部分に政府支援金が支払われることで、民間事業者は投資回収の安定性が向上するという利点がある。しかし、民間投資事業に存在する需要や費用に関連した一次的なリスクを民間事業者が負担するという側面では、リスク分担や軽減は制限的であるといえる。なお、BTL部分は総民間投資費の50％以下に設定する必要があり、無償使用期間または管理運営権の設定期間が最長50年を超過することは認められていない。また、収益型及び賃貸型部分の事業期間は、同一期間に設定することが規定されている。

　政府は、各年度の実際の運営収入が予測運営収入を超過した場合、その超過分を混合比率分だけ還収することが可能である。

図表2-74　BTO+BTL（混合型）の事業構造

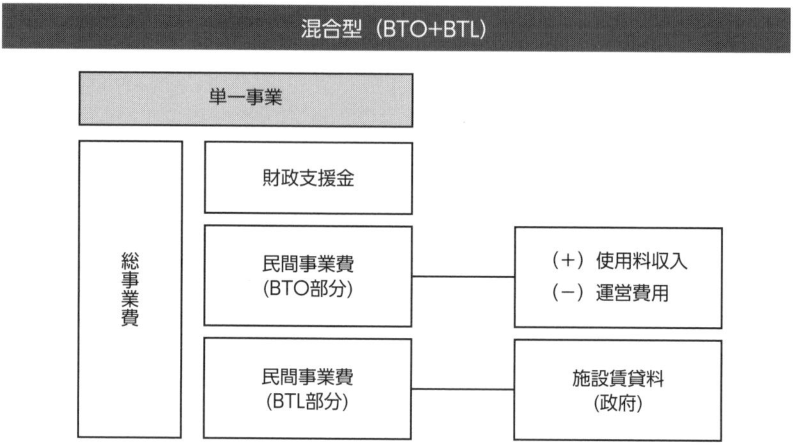

出典：PIMAC「混合型民間資本事業に関する詳細要領」から筆者作成

⑤改良運営型民間資本事業の導入について

　改良運営型民間資本事業（図表2-75参照）は、2022年に施行された新たな事業方式で、社会基盤施設の老朽化による問題を解消することをめざしている。この事業方式は、施設の改良や増設による投資を通じて施設やサービスの品質を向上させ、使用価値を高めることを主目的としている。具体的には、既存施設に対し政府から無償で使用許可を得て、受託者が独自に投資を行う。そして、その投資分と既存施設を合わせた全施設に対して、政府や利用者から使用料を得るという形態を採用している。

　韓国では、多くの社会基盤施設が運営期間の終了を迎えつつあり、運用開始から20年以上が経過し老朽化が進んでいる施設の改良が求められている。この事業方式では、民間事業者が管理運営権を得る見返りとして改良投資を行うことになるため、改良投資費を中心に管理運営権が形成される。また、民間投資法に基づき、民間投資事業として実施可能なインフラはすべて改良運営型事業の対象となり得る（上下水道施設も含む）。ただし、改良運営型事業方式は導入されたばかりであり、まだこの事業方式が活用された事例は存在しない。

図表2-75　改良運営型の事業構造

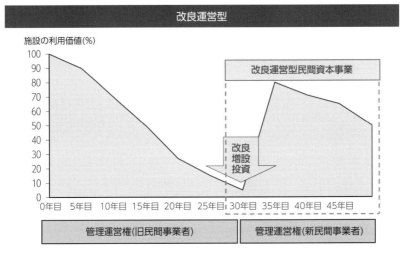

（4）K-waterについて

１）概説

　K-waterは、韓国水資源公社法に基づき、水資源の開発及び管理を行い、生活用水・工業用水の供給と水質の管理・改善を通じて公共の福祉を増進するために設立された。

　K-waterの前身である韓国水資源開発公社は、1967年に韓国政府が策定した国土総合開発計画に規定された水資源開発事業のために設立された。韓国政府は、1972年に重化学工業の育成政策を本格化するため、水資源開発事業と重化学工業団地開発事業を同時に管轄する公共機関として韓国水資源開発公社を産業基地開発公社に改編した。1980年代後半には、韓国の産業水準と国民の生活水準が急激に向上し、工業用水及び生活用水の需要が急増したことにより、水資源事業を専任する機関の必要性が高まり、1988年に産業基地開発公社の土地開発事業部門を土地開発公社に移管し、水資源関連業務を担当する韓国水資源公社（K-water）を創立した。

　K-waterは広域上水道の施設建設事業を政府から移管され、広域上水道の建設から運営管理までの全領域を担っている。K-waterは設立当初に担っていたダム開発・管理に加え、広域上水道の運営、地方水道の運営維持管理業務の受託を行っており、韓国国内の給水人口の約３割に給水し、韓国の年間給水量の約４割を担っている。韓国国内の４つの河川流域ごとに拠点を置き、用水供給事業、上水道及び工業用水供給システム管理、末端給水事業等を担っている。14カ所の用水供給ダムを運営しており、供給能力は年間125億㎥（韓国の国内使用量の61％）となっている。23地域の上水道施設の建設及び運営、11の基礎自治体の下水道と３カ所の工業用水供給施設を有している。また、３カ所の水面太陽光発電システム（総出力：48MW）も運営している。

　K-waterは広域上水道運営事業をベースに、地方上下水道事業の運営や再生可能エネルギー事業等に事業領域を多角化している。公共機関という意識が強く、カーボンニュートラル関連の投資や韓国企業の海外進出サポートを積極的に実施している。

　K-waterの株式は、韓国政府が94.1％、韓国産業銀行が5.8％、地方自治体が

0.1%を保有している。K-waterの代表取締役は環境部長官の提案を経て、大統領が最終任命するため、設立以来、政権や政策の変化によって事業の方向性が変わる傾向が非常に強い。

K-waterは、2018年6月から韓国政府環境部の傘下となっており、職員数は約6,400人、総資産が23兆ウォンとなっている。

2）財政状況

売上高は2014年から2019年までの間は減少傾向にあったが、2022年には4兆7,593億ウォンまで増加を見せている（図表2-76参照）。この売上の増加は、水道事業以外の領域（団地分譲事業等）の好調さによるものである。K-waterが運営する広域上水道は2016年以降、料金の値上げが停止されており、地方上水道事業の受託事業も長期にわたりキャッシュフローの変動が少ない事業であるため、水道事業の売上への貢献度は低下している。

図表2-76　売上等の推移

出典：K-water資料から筆者作成

2010年代初頭には、政府が主導する広域上水道事業への大規模な投資が拡大し、2018年には負債比率が約180％に達した。しかし、近年における政府の出資拡大や無借入政策といった自助努力を通じて、2022年には負債比率を115％

まで減少させている（図表2-77参照）。

図表2-77　財務状況の推移

出典：K-water資料から筆者作成

3）主要な事業について

　K-waterは、「広域上水道事業」、「地方水道事業」、「団地分譲事業」、「ダム事業」、「建設事業」、「その他の事業（海外事業、再生可能エネルギー事業等）」を主要な事業として展開している。

　売上構成比率では、広域上水道事業が全体の28.2％を占め、最も大きく、次いで、団地分譲事業が22.9％となっている（図表2-78参照）。

　以降では、「広域上水道事業」、「地方水道事業」、「団地分譲事業」、「ダム事業」、「再生可能エネルギー事業」、「海外事業」の内容について紹介する。

第2章 各国における上下水道事業及びPPP/PFIの活用動向

図表2-78　K-waterの年間売上構成（2022年）

事業区分	事業内容	売上高	売上構成比率
広域上水道事業	全国35の広域上水道の運営管理	1兆4,178億ウォン	28.2%
団地分譲事業	土地分譲及び賃貸	1兆1,517億ウォン	22.9%
ダム事業	多目的ダム（20カ所）、用水ダム（14カ所）、洪水調節用ダム（3カ所）計37のダムを運営管理し、自治体と企業から利用料を受け取る	7,615億ウォン	15.2%
建設事業	水道、ダム施設等の有形資産の建設	5,031億ウォン	10.0%
地方水道事業	地方自治体が事業権を保有する地方上水道及び下水道の受託運営及び老朽化した施設の更新により、有収率の向上を図る。	1,852億ウォン	3.7%
その他の事業	海外事業、国家事業（４大江事業、京仁運河事業等）、再生可能エネルギー（水面太陽光発電、潮力発電等）事業等	1兆40億ウォン	20.0%

出典：K-water 資料から筆者作成

①広域上水道事業

　広域上水道事業は、1990年代以降、政府から広域上水道建設事業の移管を受け、広域上水道施設の建設及び運営を担当している。2023年現在、全国35の広域上水道を運営し、計20の広域上水道整備及び新設事業が進行中である。

②地方水道事業

　地方水道事業では、地方自治体が事業権を保有する地方上水道及び下水道業務を受託運営し、老朽化した施設の改善と有収率の向上をめざしている。財政健全性が低い小規模地方自治体を中心に K-water への委託が増加しており、K-water が受託した地方上水道事業を統合して運営する広域化事業も展開されている。161 ある自治体のうち 23自治体から地方上水道の運営維持管理業務を受託している。老朽化施設の更新・運営維持管理、顧客対応業務など事業全体が K-water に一括して 20～30年間委託され、地方自治体は、施設所有権と料金決定権、料金徴収権を保持している（検針業務や料金回収業務は K-water が実施）。地方自治体は K-water に「使用量×運営単価」に該当する運営代価を毎月支給する。「運営単価」は固定価格で契約され、固定価格に消費者物価指数を

掛ける方式で計算される。K-water は、受託当初に老朽上水道施設に対する更新投資を行い、20～30年の運営期間にかけて投資回収する。

　K-water は2004年に地方上水道の受託運営事業を開始し、2022年までに受託運営した地方上水道の有収率を受託前平均60.1%から84.8%に24.7ポイント向上させ、約8億8,000万㎥の漏水を削減した。また、検針・水質・水道供給管理・職員業務処理などの項目で構成される地方上水道顧客満足度は受託前に平均66点であったところから、2022年に81点に約15点上昇させるなどの効果を創出している。

　K-water は、地方上水道受託運営で蓄積した経験を基に2017年から2024年まで国費支援を通じて地方上水道網及び浄水場施設を改良する国策事業である「地方上水道現代化事業」に積極的に参加している。地方上水道現代化事業には、2017年から2024年までに計3兆962億ウォン（上水道2兆3,988億ウォン、浄水場6,974億ウォン）を投資して老朽化した上水道管路104カ所と浄水場29個を整備する内容が盛り込まれている。国庫支援比率は50%であり、管路事業の場合、0~20%の追加支援が行われる。上水管路の更新事業では、有収率の85%以上の達成が目標となっている。K-water は2022年までに開始された133個の地方上水道現代化事業のうち、75個の事業に参加し、老朽化した浄水場や管路の改善事業を進めている。2017年に開始された事業が順次終了し、現在、当該事業に対する効果測定が進められている。K-water が受託した7つの事業により、漏水が年間965万㎥低減され、304億ウォン分の効果があったと評価されている。なお、K-water が地方水道の運営を受託するにあたり、自治体の維持管理職員による反発があり、委託が進まないこともある。

　地方下水道事業については、2020年に韓国環境部が水質改善事業との連携を考慮し、下水道管理機能を水質管理の専門機関であるK-ecoに移管した。しかし、移管前にすでに長期受託契約を締結していた下水道運営事業及び下水再利用施設の建設及び維持管理運営は、K-waterが引き続き担当している。2023年時点では、28施設の運営維持管理を受託している。韓国政府は、水資源が不足している産業団地を対象に、下水処理水を再利用する下水処理水再利用施設の設置を積極的に推進している。K-waterは、前身の産業基地開発公社時代に、産業団地関連事業を実施した経験を有し、下水及び工業用水関連事業に関与した経験も

あるため、下水再利用処理施設に関連した民間投資事業を主管する機関として適任と判断されている。現在、浦項市、牙山市、漆谷郡など3地域の下水再利用施設がBTO方式の民間投資事業として運営されている。今後、産業団地を対象とした下水処理水再利用施設の設置が義務化される方針により、下水再利用処理施設における民間投資事業が拡大すると予想されている。

③団地分譲事業

韓国政府は2009年に、韓国の4大河川を浚渫し、堰を設置して貯水量を増やす「4大河川再生事業」を開始した。しかし、財政負担の増大に対する懸念から、全体予算22兆2,000億ウォンのうち、8兆ウォンをK-waterが負担することとなった。K-waterは、投資費用を賄うために大量の債券を発行し、財務構造が悪化する危機に瀕した。これを受けて、政府はK-waterの財政負担を軽減するために「親水区域活用に関する特別法」を制定し、K-waterが4大河川周辺を直接開発し、開発収益を得られるようにした。特に「親水区域活用に関する特別法」は、河川から左右2kmの範囲内にある事業区域の50%を住居、商業、産業、文化、観光、レジャー施設として開発できるようにした。開発事業は国、地方自治体、地方公社、K-water、韓国土地住宅公社が実施可能だが、韓国国土交通部は、K-waterの財務構造改善のために開発事業の大部分でK-waterを事業者に選定した。団地分譲事業では、K-waterは各用地の造成及び建設事業をTurn-key形態で建設会社に発注し、造成工事が完了した敷地を競売にかけて一般に分譲している。特に2018年以降、韓国の不動産市場が好調となり、団地分譲事業部門の売上が急増し、2022年のK-water全体の売上に対する団地分譲事業売上比重は22.9%（1兆1,517億ウォン）となり、K-waterの主要事業領域である広域上水道事業の28.2%（1兆4,178億ウォン）とほぼ同等に達した。

④ダム事業

ダム事業では、多目的ダム（20カ所）、用水ダム（14カ所）、洪水調節用ダム（3カ所）という、合計37カ所のダムの運営管理を行い、自治体や企業から利用料を徴収している。

⑤再生可能エネルギー事業

　K-waterは、設備容量において韓国最大の再生可能エネルギー企業であり、2021年現在、韓国全体の再生エネルギー設備容量の21％、すなわち1,372MWの設備を運用している。主要ダムの水力発電所のみならず、潮力発電や水面太陽光発電といった水資源を活用した多種多様な発電事業を展開している。潮力発電は、朝夕の干満差が大きい西海の水位差を利用した発電方法で、K-waterは世界最大規模（254MW）の潮力発電所である始華潮力発電所を2011年から運営している。水面太陽光発電は、ダムや貯水池などの水面に太陽光パネルを設置する発電方法で、水面の冷却効果により陸上での太陽光発電と比較して発電効率が約5〜10％高く、敷地確保が不要という利点がある。K-waterは自社が運営するダムの水面に水面太陽光発電設備を設置し、水面太陽光発電事業を推進している。K-waterの水面太陽光発電事業は、ダムの近隣地域住民に事業を受け入れてもらうために、住民参加型の事業形態を採用している。K-waterが設立するSPCに地域住民が投資し、出資比率に応じて20年間で4〜10％の利子を受け取ることができる。2023年現在、陝川ダム、保寧ダム、忠州ダムなど3つのダムで合計49MWの発電容量をもつ水面太陽光発電施設を運営しており、2030年までに計15カ所のダムで1.1GWの発電規模の設備を構築することをめざしている。

⑥海外事業

　K-waterは、1990年代以降、各国の上下水道事業の規制緩和と国内の上下水道施設建設市場の飽和を背景に、新たな収益源の確保をめざし海外事業を開始した。初期の海外進出は、成長潜在力が高く、失敗リスクが低い発展途上国を対象としたODA事業を推進した。2000年代以降は、ODA事業を通じて築き上げた海外政府とのネットワークを活用し、技術輸出と投資事業を展開している。K-waterは、自国の建設会社と協力し、蓄積した水道事業のノウハウを活用して、水道インフラが不十分な途上国を中心にBOT事業を積極的に推進している。

　2023年時点では、東南アジア及び中央アジア地域の発展途上国に対するインフラ構築事業を中心に、13カ国で28件の事業を実施している。

4）集中監視センターの整備

　K-waterは、2019年に仁川で赤水現象が発生したことを契機に、韓国内の水道施設を一元管理する集中監視センターを国家主導で設立した。韓国全土のダム、河川、浄水場、管路の全データをK-water本部に設置された集中監視センターで一元的に監視する体制を整備した。浄水場ごとにシステムが異なる等の課題が存在したが、関連する国内のITベンダーを動員し、わずか3年という短期間でシステムを構築している。管路には圧力・水量だけでなく、水質をモニタリングするセンサーが設置され、GISと連携して地図上に可視化するシステムが導入された。GISと連携して管路を表示し、各地点での圧力・流量を管路に設置されたセンサー情報から地図上に表示する機能も備えている。管路には水質のセンサーも設置され、残留塩素量等をモニタリングしている。管路センサーの整備は、国の支援を受けており、国と自治体で折半する補助金を利用して整備されている。K-waterが管理していない地方水道についても情報を集中監視センターに集約できるよう法整備（自治体には情報提供義務が課されている）が行われており、国が自治体に補助金を交付して、データ連携の仕組みを整備している。

第3章

海外事例から得られる我が国の
上下水道事業の課題解消への視座

第3章　海外事例から得られる我が国の上下水道事業の課題解消への視座

　ここでは、前章で見てきた海外の事例から、日本の上下水道における課題解決のヒントとなる取り組みについて整理した。

　我が国で依然として主流となっている仕様規定による発注ではなく、各国が取り入れている性能発注において、具体的にはKPI評価や契約条項の柔軟な見直しにより、業務遂行におけるインセンティブを引き出すことや、さらに料金規制や対価支払を細やかに設定することで競争性等を確保する点が挙げられる。

　加えて、官民連携に関して、公共と民間事業者が発注者と受注者という位置付けではなく、同じ目的のもとで協力する体制を構築するアライアンス契約がオーストラリアで導入されている。これは、明確な分担が困難なリスクに対して、官民双方で対応することを規定し、過度なリスク対応を回避する方法であり、上下水道事業のみならず、我が国における官民連携事業の参考となろう。

　また、人口減少による事業規模の縮小や、職員不足などの課題への対応策として、広域化の必要性がいわれているところであるが、政府主導によるk-waterの取り組みや、日本と同様に小規模自治体が多いフランスでの広域化の取り組みも我が国への視座となる。

1　官民連携における性能発注及び公共発注の柔軟さ

本節では民間委託の効果を引き出すための性能発注に着目し、柔軟な公共発注の在り方を海外事例から探る。

（1）フランスにおける業務評価と長期契約

1）業務パフォーマンス評価

　フランスでは、上下水道事業への官民連携導入にあたって業務指標の設定によるパフォーマンスを評価することで、事業の適切な遂行をコントロールしている。具体的には法定指標や発注者である地方公共団体が設定する指標に加え、事

業者が自ら提案し設定するものも含まれる。これらは業務遂行を確実にするための要求水準であるとともに、実施方法や手法といった定められた仕様ではなく実施結果の達成をめざすことで、いわゆる性能規定をベースとした発注方法を採用している（図表3-1参照）。

図表3-1　フランスにおける上下水道事業の業務指標の考え方

出典：各種資料より筆者作成

2）契約期間

フランスにおける上下水道PPP事業では、従来、30年を超える長期のアフェルマージュ契約が行われる例が多かった。しかし、長期の契約では同一受託者にノウハウや権限が蓄積され、発注者である地方公共団体のチェック機能が薄れるとともに、終了時期が近づくと適切な投資がなされないなどの課題が見られた。加えて、事業によっては株主が過大な利益を得ているとの疑惑も取り沙汰され、利用者還元の点でも問題が見られた。

そのため、公役務の委任（DSP）について規定しているサパン法において公共サービスの契約期間上限は20年と規定され、従前の長期契約が終了したタイミングで、以降は10年前後の契約期間とするケースも多く見受けられる（図表3-2参照）。従前に比べ短期間となることで、将来計画が見通しやすくなり発注者側においても料金値下げやサービス水準の向上に対する交渉力を有することができ、運営上の規律を保つことにも繋がっている。

図表3-2　フランスにおける契約期間の例

事業名	メトロポールリール	メトロポールリヨン	イル・ド・フランス地域圏	アジャン市街地共同体
委託方法	アフェルマージュ（※イル・ド・フランスは、一部に公共サービス対価を得るレジー・アンテレッセとの混合型）			
対象自治体	リール市を中心とした85自治体	リヨン市を中心とした59自治体	パリ市周辺150自治体	アジャン市を中心とした31自治体
契約期間	8年	8年	12年	12年

出典：各種資料及びヒアリングより筆者作成

3）協議と契約の見直し

　また、フランスの上下水道事業の契約においては、ランデブー条項として知られる財務条件に関する協議条項が含まれることがあり、サービス運用の条件において重要な変更が生じた場合に料金計算式や契約で設定された料金改定指標が以下のように変更されることがある。

- ✓ 過去3年間の平均有収水量に対して、当該年度の有収水量変動が4％を超えた場合
- ✓ 当初契約に示された地理的範囲が変更された場合
- ✓ 施設の変更や水処理プロセスの変更
- ✓ 規制や行政決定の変更に伴う運営条件の重大な変更
- ✓ 料金改定式の指標の一つが、20％以上変化した場合

　このような状況が発生した場合に、事業者は料金改定の要求を行うことができるとされている。これら条項は、あくまでも交渉・協議の規定であり、示された条件にて、即時に料金改定できるものではないが、協議開始の判断を指標にて明確に定めることで、官民双方にて共有化され、建設的な議論を行う環境が整えられるという効果がある。

（2）オーストラリアにおけるアライアンス契約

1）アライアンス契約に見られる業務範囲設定の柔軟性

　オーストラリアにて導入事例が見られるアライアンス契約は、プロジェクト発注者と受託事業者が共同でリスクを管理する方法であり、我が国で見られる受発注関係とは異なる様相となっている。アライアンス契約においても、パフォーマンスによる業務指標を設定しており、KPIをはじめとする指標によりインセンティブ支払に影響を与える仕組みとなっているが、さらに特徴的な点として、業務全体を一括で発注するのではなく、リスク管理等の面から切り分けた上で、アライアンスの考え方を導入している。

　事例として取り上げた南オーストラリアの水道事業では、同一事業のうち、浄水及び汚水処理業務と、管路関係の業務は異なる事業者、契約で発注し、この2者と発注者である行政を含めた3者を主体としたガバナンス体制を敷いている。

　また、同じくオーストラリアの事例であるSydney Waterでは、市域を3つに分割して発注することで、競争環境を生み出すとともに、従前アライアンスで契約していたエリア分けを、次期のコラボラティブ契約では、より競争性が高まるように区域分けを見直している。地域を分割することで、業務ボリュームを調整し、さらに複数の事業者が参画することで、競争性を確保するとともに、発注者である行政は事業間の比較を行うことができるといったメリットがある。

2）契約期間と内容の柔軟性

　第2章において事例として参考にした南オーストラリアの浄水・処理場運転管理業務の場合、アライアンス契約期間を5年としているが、さらに2年、及び3年の合計5年の延長が可能である。これは、各延長のタイミングで契約内容の見直しができるようにすることで、業務のさらなる効果とインセンティブを引き出そうとする工夫である。管路管理業務ではアライアンス契約とは別に関係3者（発注者、浄水・処理場運転管理業務受託者、管路管理業務受託者）による協業のコラボラティブ関係協定を締結している。管路管理契約期間10年のうち、4年、3年、3年ごとの見直しを行うこととしており、最大10年間の業務委託となっているが、浄水・処理場運転管理と契約期間、見直しタイミングとは同一の設定はさ

れていない。これは、業務の特性や契約相手との関係性などから、適切な契約期間、見直しタイミングを判断しており、契約規定において柔軟に設定しているように見受けられる。

　また、アライアンス契約及びその後にコラボラティブ契約（P4S）が締結されたSydney Waterの事例では、当初7年間の業務の中で明らかとなった課題を改善するために、アライアンスの考え方を踏襲しながら新たな契約形態を模索しており、競争環境を生み出すために、より受託事業者にとって参入意欲が増す事業規模と期間を設定し、コラボレーション強化により訴訟リスクの一層の低減を図っている。さらに10年の契約期間のうち、当初5年間で用いるパフォーマンス評価の方法については、業績向上が認められれば、後半の5年間は受託者にとって、より利益を得やすい業務評価方法に切り替えることも可能としており、事業期間途中での柔軟な見直しを可能としている。

（3）業務評価と契約の柔軟性

　海外事例では、公共がサービス対価を支払うような官民連携事業であれば、業務パフォーマンス指標にて評価し、これに連動して支払われる。これは、どのように業務を実施するかといった方法、実施のタイミング、回数や材料等の仕様を発注者が定めているのではなく、業務結果により支払が行われる性能発注をベースとしているためである。特に上下水道事業に関しては、各国において法定で順守されるべき項目が定められており、基本的にこれら項目が評価指標として設定されている。各指標の中から、パフォーマンスの促進として重要な指標がKPIとして設定され、要求水準を満たせなければペナルティが科せられるが、要求水準達成のための手法、手段について細かく規定されるものではない。このように、KPI設定による業務パフォーマンス評価により、事業をコントロールしていることで、民間事業者が効率性や効果を引き出すために必要な方法を自ら判断することに繋がり、発注者側は結果である業務パフォーマンスを評価することで適切な対価の支払いを行うことができる点は、現在の我が国における仕様発注を中心とした、硬直的な支払方法と異なり、民間事業者のモチベーションを高め、より効率化の余地を生むものと考えられる。

契約書の立て付けについても、我が国のいわゆる公共発注とは異なる考え方が取られている。契約書においては、業務パフォーマンスで評価することに加え、対価の見直しについても柔軟に変化できることが規定されており、例えばPPPにて上下水道業務発注を行っているフランスでは、サービスの運用条件について重要変更が生じた場合は、料金計算式や契約書で設定された料金改定指標が変更されることも規定されている。

　また、契約期間については投資回収のために、30年程度の長期間を設定する考え方もあるが、見直し機会がないことから硬直的な業務遂行に繋がるデメリットがある。個々の事業の特性、外部環境の急速な変化、参画事業者や市場環境の流動性を踏まえると、10年程度の比較的短期間の契約、さらに見直し条項を組み込むことで、数年ずつの見直しを図るなど、柔軟な契約体系の構築が可能となり、結果として効果的な官民連携の継続に繋がっている。

　オーストラリアの例では、契約期間を10年程度にすることで、従前契約における課題を踏まえ、さらなる改善のために業務範囲やガバナンスを見直した、新たな契約形態に発展させており、継続的な検討と改善を繰り返すサイクルにより、競争性の確保や業務改善の進展を図っていることは好事例といえよう。

第3章　海外事例から得られる我が国の上下水道事業の課題解消への視座

2　広域化の効果と必要性

本節では、今後の人口減少への対応策としての広域化の必要性と、その方法についての視座を各国の取り組みから得ていきたい。

（1）英国における広域化

1）広域化の経緯と現状

　英国の水道はかつて地方自治体が供給責任を有しており、20世紀初頭には約2,000もの水道事業体が存在していたが、1940年代以降より順次統合が進み、1973年のオイルショックを契機に民営化が検討され、1989年に水道事業は完全に民営化されている。

　1970年代には約1,600存在していた水道事業体は、主要河川流域等をベースとして大きく10地域に再編され、それぞれの地域を所管する「水管理公社」が設立された。同じ河川を複数の水道事業者が利用する場合、上流と下流のように位置する場所によって水の汚染具合が異なり、下流の事業者はより多くのコストを投じる必要があり、その結果は利用者への利用料金に反映されるということになるため、効率的な水資源の管理を行う必要性からも、主要河川とその支流で線引きされることとなった。

　また、将来的な水不足と水質汚染への対応や、地方公共団体の再編が行われたこともあり、一部の地方公共団体からは反発があったものの、1973年に再編統合の法律が成立している。

　法律では、水道事業の国家政策を進めるため、水道供給、水資源の開発、下水処理、水質管理、基幹網に関する業務を水管理公社の業務とし、下水道管の維持管理については、水管理公社から地方自治体が委託され業務を実施することとなった。

　現在、水管理公社は廃止され、その流域をベースに上下水道会社11社、地域水道会社5社、小規模の地域上下水道事業者5社による民営化がなされている。

2）具体的な効果

　広域化前は1,600もの事業体があり、水不足や水質改善のための投資、具体的にはダムの整備などについて、多くの事業者が関係することから、統率力が取れない状態であったが、地域の統合により公社が設立されたことで、事業全般にわたって責任を負う統一的な主体ができた。日々の業務をこなすだけで十分な投資がなされていなかった個々の事業者は、広域化・統合によって地域・流域ごとのまとまった投資が可能となり、水不足・水質汚染への対応がなされた。

　また、当時の厳しいEC基準に適合させるため、英国政府にとっては水質改善が最大の課題であったが、1,600もの水道事業者に対して水質基準を守らせることは非常に困難であり、これが10地域の水管理公社に統合されたことで、水質管理が容易となった点も効果として挙げられる。

（2）フランスにおける広域化

　フランスでは、いわゆる基礎自治体に該当するコミューンの数は3万4,945にも上り（2023年1月時点）、これらコミューンは通常、コミューン間協力型広域行政組織（EPCI）といわれる行政サービスの効率化などを目的とした広域行政体を構成し、上下水道事業についても、このコミューンを中心として実施されている。

　フランスでは公共事業の非効率性を改善するため、1980年代より地方分権改革が進められていたことから、上下水道事業の多くは、自発的に広域行政組織が管理していたが、2015年の法改正により広域行政主体への権限移譲が強制的に進められることとなり、さらなる広域化が進んでいる。2020年以降は、コミューンが有している上下水道等の公共サービスの運営権限を、人口1万5,000人以上の広域組織に移譲することが規定され、上下水道事業の広域化・共同化が進められている。

　このように、我が国より多い基礎自治体数を抱えているフランスでは、従来、広域行政組織による共同化が図られているとともに、近年は業務の効率化と地方分権化の流れを受けて、法律改正による強力な広域化をさらに推進している。広域化推進にあたっては、関連する事業への水機構による補助金を拠出している

が、補助金だけでは計画されている投資計画のすべてをカバーできない場合もあり、規模の拡大による効率化のメリットをより高めるために、自治体が検討する呼び水として自発的に広域化検討が効果を発揮している部分もある。

（3）韓国における広域化

1）韓国における広域水道の概況

韓国の水道事業は、我が国の用水供給事業に当たる広域上水道事業と末端給水事業に当たる161の地方上水道事業から構成されている。広域上水道事業は、水資源公社（K-water）が担っており、地方上水道事業は地方自治体が担っている。広域上水道事業は、K-waterが全国統一料金を賦課して運営しており、大規模な施設と多くの給水人口をもつため、規模の経済が機能し、生産原価が相対的に低く抑えられている。

地方上水道事業は、各自治体が独自に料金を設定し運営を行っており、地域間での料金格差が大きい。さらに、施設規模が小さく給水人口が少ないため、生産原価が相対的に高くなり、料金回収率が低下している。そのため、財政健全性に問題を抱える一部の小規模自治体では、水道事業の運営や施設改善事業をK-waterに委託しているところもある。

2）K-waterによる地方上水道事業の受託

K-waterは、受託した地方上水道事業を統合して運営することで広域化事業を展開している。

韓国の上水道事業は、我が国の上水道事業と同様に、職員の不足、施設の老朽化や施設更新財源の不足等の課題を抱えており、地方上水道事業では、水道料金の値上げは政治問題化され、施設更新費の確保のための適切な値上げの実施が困難になっているところもある。このような課題を解決するために、韓国では、民間企業よりも信頼度が高い政府機関等の介入が必要とされ、その具体策として地方上水道事業のK-waterによる委託運営が実施されている。

韓国政府は2001年に地方上水道事業を専門機関に委託できるという条項を水道法に追加し、赤字が深刻になった零細地方自治体を中心にK-waterに対する地

方上水道事業委託を実施している。具体的には、隣接する様々な地方自治体の地方上水道運営事業を同時に受託して統合運営する（水平的統合）か、受託した地方上水道を自社が運営中の広域上水道と統合運営する（垂直的統合）かの2つの方式で広域化を進めている。

　我が国でも水道事業が抱える課題への有効な対策手段の1つとして広域化が挙げられており、全国で89の用水供給事業が存在する（2023年3月31日時点）。水道用水供給事業と受水水道事業の統合（垂直統合型）は、すでに施設が連結していることから施設の統廃合を行いやすく、末端事業の水源や浄水場等の廃止が可能であることや水源から給水栓までの一元管理が実現し、水質管理が行き届きやすいといった利点があることから、積極的に推進すべきとされている。

　韓国では、まさに用水供給事業と受水水道事業の垂直的統合が行われるとともに、そこからさらに近隣の地方上水道事業の受託を行う複数の水道事業による統合（水平的統合）が実施されている。

　広域連携にあたり末端給水事業の水道料金の格差が障壁となる場合、K-waterは広域水道料金を調整することで料金格差を解消している。

　我が国の用水供給事業者は、K-waterのような全国的な事業者ではないが、それぞれの地域では、K-waterと同様の役割を果たしていることから、K-waterのトップダウン方式の取り組みは参考になると考えられる。

（4）アメリカにおける広域化

　アメリカの上下水道事業は、我が国と同様に、施設や管路の老朽化や財政難といった課題を抱えている。このような状況の中、アメリカでは、民間事業者による「上下水道事業の実質的な広域化」が進展している。我が国では、民間事業者による水道事業の買収の前例はほとんどなく、今後も発生することは考え難い。一方で、我が国では、民間事業者が上下水道事業体から業務受託する中で、近隣の別の上下水道事業体から業務を受託することで、民間事業者の受託業務を通じた広域化、つまり官民連携を通じた実質的な広域化の実現に繋がることも考えられる。

1）アメリカでの民間事業者による実質的な広域化について

　アメリカでは、近年、上下水道施設の運営・管理に関する専門知識をもつ事業者が、地方部の中小規模自治体の上下水道施設を買収し、自社で施設を所有しながら運営・管理を行う事例が増えてきている。地方部の自治体は、所有する水道施設を民間所有に移行することで、財政の合理化を図るとともに、住民サービスの向上に向けた政策的投資が可能となっている。実際に、小規模自治体が管理する上下水道施設のうち、安全基準を満たすことのできない施設は民営化によって効率的な運営がなされ、迅速に安全基準の順守が実現されているといった報告も示されている。

　地方部の中小規模自治体の上下水道施設を買収し、自社で所有しながら運営・管理を行う事業者として、アメリカの大手水道事業者であるAmerican Water社とEssential Utilities社が挙げられる。これらの企業は、自社が民営化している水道施設と地理的に近い施設や、同一の州法が適用される地域等の近接した自治体の水道施設を買収し、事業の拡大を図っている。このように、アメリカでは、民間事業者による上下水道事業の買収を通じた上下水道の実質的な広域化が進展しているといえる。

2）American Water社の取り組み

　American Water社は、自治体が所有する上下水道施設を買収し、自ら水道事業の運営・管理を手掛けるビジネスモデルを主軸に、事業規模を拡大してきた。買収してきた水道施設について、収益性の向上を目的に、アリゾナ州やニューメキシコ州等の所有施設を2010年代に売却するなど、地理的な選択と集中を図っている。過去には、各家庭・個人事業主等を対象に水道修理を請け負う世帯向け事業の他、シェールガス関連事業も手掛けるなど多岐にわたる事業ポートフォリオを構築していたが、収益最大化のために、民営化事業以外の事業が縮小傾向となっている。当社は、2022年時点で、約1,600の自治体で民営上下水道事業を展開しており、州政府が管理する水資源についてもその利用権を得ている。今後のAmerican Water社の事業展開方針として、中小規模自治体の上下水道施設を買収することによる民営化ビジネスの拡大が掲げられている。買収した水道施設について、2018年は15件（約3,300万ドル）、2019年は21件（約

2.4億ドル）、2020年は23件（約1.4億ドル）、2021年は23件（約1.1億ドル）、2022年は26件（約3.4億ドル）、2023年は23件（約7,700万ドル）と、件数及び規模は増加傾向で推移している。

　American Water社は、民営事業のメリットとして、「参入障壁が高い」、「料金徴収等の業務による長期計画の策定が容易となる」、「住民サービスの実施によって安定的な収益性を確保可能」といった事項を挙げており、これらにより、財務的安定性を享受できるとしている。今後、当社の成長戦略としては、人口規模が3,000～3万人の自治体を主なターゲットに据え、すでに上水道施設を所有している地域において、下水道施設の所有を積極的に検討していくものと考えられる。

3）Essential Utilities社の取り組み

　Essential Utilities社は、1990年代初頭から、高品質・低リスクによる売上増加、低リスクによる上下水道の所有・運営・管理、健全な財務の維持を戦略の主軸に据え、自治体所有の上下水道の買収によって事業を発展させてきた。

　Essential Utilities 社は、成長戦略としてすでに事業を展開している地域に近接した地域または展開していない地域においても、上下水道及び関連事業の買収によって事業規模を拡大する方針を掲げている。同社は、業務委託事業についても、既存の民営化事業を補完する場合は、買収の対象としている。近接地域における民営化事業を拡大することで、運営・管理費用を分担し、規模の経済や事業の効率性を達成するとしている。また、アメリカの地方部の中小規模自治体には、財政難に陥り上下水道施設の更新費用を賄うことができない地域も存在する。さらに、近年は安全・安心な水の提供に対する意識が高まっていることに加え、EPAが水質基準を厳格化するなど、水道の運営がより高度化している状況にある。このような状況を踏まえ、運営が厳しくなっている水道施設を当社が買収し、水質基準を満たすための更新が行われるといった事例が見られている。

　当社が重視している経営指標としてROE（Return on Equity）が挙げられるが、ROEの高い公益事業であれば他地域であっても買収して事業を拡大する方針を掲げている。実際に、2020年には6件、2021年には2件、2022年には3件の上下水道施設を買収している。これにより、顧客数は毎年2～3%で増加しているとされる。

（5）我が国での官民連携を通じた実質的な広域化について

　広域化の効果は、発注自治体においては契約件数の削減による効率化、受託事業者にとってはボリューム確保による効率化が図られる他、検討内容によっては料金やコストの統一による透明性等の確保などに繋がる。
　ただし、我が国ではこれら広域化のメリットは理解されるものの、実際に広域化は進んでいない状況にある。
　フランスのように、従来、広域化を自然発生的に行っている場合は、広域化に対するハードルは低く、ある程度の経験の積み重ねがさらなる広域化を進める際のベースとなるため、例えば、我が国でもすでに一部事務組合による公共サービス提供を行っている枠組みであったり、共同発注など類似の業務を実施している基礎自治体による広域化など、何らかの取り組み経験や事例を契機に、さらなる広域化を図ることも考えられる。
　また、我が国でも、官民連携事業の受託者が近隣の事業体から業務を受託することで、既存の上下水道事業の事業範囲や行政区域を超えた官民連携を通じた実質的な水平展開による広域化が実施されている事例がある。
　2012年9月に広島県企業局と水・環境の総合事業会社水ing（株）の共同出資（2019年3月より呉市も出資）により設立された「（株）水みらい広島」が、受託事業体や受託業務を広げ、官民連携を通じた実質的な広域化を実現している事例を紹介する。
　「（株）水みらい広島」は、広島県内の水道事業体が抱える課題を解決し、将来にわたって料金上昇を抑え、安心・安全・良質な水の安定供給を図ることを目的として設立された、新しいカタチの水道事業運営会社である。
　「（株）水みらい広島」は、広島県営水道の2つの用水供給事業と工業用水道事業の指定管理者として指定され、用水供給の水道施設の維持管理等を実施している。さらに、県内では呉市水道施設の指定管理業務や、江田島市、尾道市、廿日市市、三原市、東広島市の水道施設維持管理業務を、県外では京都市や大津市の水道施設維持管理業務を受託しており、水道事業体から受託した業務を一体的に管理して、業務の共通化やスケールメリットの発揮によりコスト削減を図っている。

なお、広島県では、県と県内14市町により構成された広島県水道広域連合企業団が設立され、2023年4月から事業運営が開始されている。広島県水道広域連合企業団は、構成する14市町から水道事業を、県から水道用水供給事業と工業用水道事業を承継し、これらの事業を一体的に運営している。

　現在、「(株) 水みらい広島」は、県や市町の水道事業を引き継いだ広島県水道広域連合企業団から指定管理や運転管理を受託し、水道施設の維持管理業務等を実施している。

　結果的に、広島県と県内14市町の事業統合による広島県水道広域連合企業団が設立され、水道事業の広域連携が実現しているが、「(株) 水みらい広島」は、設立当初に受託した広島県企業局以外の業務も拡大したことで、官民連携を通じた実質的な広域化が実現されたといえるだろう。

　このような、官民連携を契機とした広域化については、関係自治体や民間事業者が、協議や検討を通じて一つのゴールに向かう中で、広域化のメリットを享受する方法として取り得る方法の一つといえる。一方で、英国やフランスの法改正のように強力な権限により、強制的に広域化を進めることが必要となる段階もあろう。制度や法令の見直しにより、広域化そのものを目的とした改革を行うことは、施設の老朽化や人員不足といった課題を一気に解決する可能性も期待できる。しかし、その反動も当然大きいことが想定されるため、何らかの補助金交付をセットとすることや、改革にあたっての人的支援など、自治体が一歩踏み出すための呼び水が必要となる点も重要である。

第3章 海外事例から得られる我が国の上下水道事業の課題解消への視座

3 インセンティブ引き出しのための様々な取り組み方法

上下水道事業の安定性と水準維持のため、海外で取り入れられている料金改定に連動する具体的なインセンティブの方法等に着目し、これらが国内上下水道事業における民間活力導入、推進の参考となる可能性についてまとめた。

(1) 料金規制による英国の取り組み

前章で記載したように、英国の水道規制機関であるOfwatは1989年に設立され、政府による水道関係施策の遂行、規制枠組みに基づくモニタリング、水道事業会社に対するライセンス付与等を行っている。

モニタリングにおいては、各水道事業者から提出される事業計画に基づき、5年に1度のプライスレビューにおいて水道事業会社が設定する水道料金の上限規制を設定する等の大きな権限を有しており、水道事業会社は、設定された上限額の範囲内で料金の見直しを行っている。

以下に、英国Ofwatにおける取り組みから、我が国における料金を軸とした事業リスクのコントロールやインセンティブの付け方への参考を探るものとする。

1) 料金改定のインセンティブ

Ofwatによる料金設定を通じたインセンティブの仕組みとしては、2014年のプライスレビューにて導入されたアウトカム・デリバリー・インセンティブ（ODI）と呼ばれるプロフィットシェア・ロスシェアの仕組みが挙げられる。これは、各社が設定するパフォーマンス・コミットメント・レベル（PCL）といわれる業務責任として設定される水準に対し、水準を上回った場合・下回った場合に対して金銭的影響を与え、企業が約束した水準を達成させるためのインセンティブとして機能させるものである。

具体的には、標準的なインセンティブ率を設定し、水準超過の場合は水道事業者に対して収益調整として支払われ、水準未達の場合は顧客に還元される。例えば、2021〜2022年の各社の業績結果として、12社の企業が水準未達により、全社合計で1億3,200万ポンドの顧客への支払が求められており、これは、2023〜2024年の顧客への請求書を通じて料金に反映される。

また、2019年のプライスレビューではインセンティブの強化が図られた。これは、一層のパフォーマンス改善のためのイノベーションに対し、PCLを超過した場合に対してのみ標準的なインセンティブ率の2倍に設定した強化インセンティブを設けたものである。

このように、単純な料金徴収による収益だけでなく、料金規制を通じたインセンティブを設定することで、水道事業者の業務水準を維持させ、業務遂行のインセンティブを引き出す工夫がなされている。また、インセンティブ付与にあたって、Ofwatの金銭的な負担は発生せず、あくまでも利用者料金における値上げにより負担される仕組みとなっている。

なお、2024年のプライスレビューでは23の指標が上下水道事業者に設定される予定であり、これらは顧客サービス、環境、資産の健全性に重点を置いたものとなっている。これに加え、特定地域の問題への対処や特定企業が改善を要する事項がある場合等では、当該水道事業者が独自のパフォーマンス・コミットメントを設定することが可能である。さらに、将来的には温室効果ガス排出量に対するインセンティブ率を改定する予定がある等、社会・経済情勢の変化に伴い、指標の見直しが行われる。

2）パフォーマンスレポート公開による経営指標比較・料金比較

Ofwatでは、前述のような料金規制を通じたインセンティブの設定を行っているが、これらを実施するにあたり、プライスレビューによる規制だけでなく、各事業者の情報開示を通じたサービス水準の維持・向上等を図っている。

上下水道事業者は、毎年パフォーマンスレポートと呼ばれる報告書をOfwatに提出しており、このレポートはすべての事業者が価格規制の順守を証明するために提出が求められている。内容は当初設定した目標値と実績を比較した評価、プライスレビューで設定された5年間における進捗状況の評価、水道事業者をパ

フォーマンスごとに分けた評価等を含んでいる。また、このレポートを基に、各社をランク付けしたサービス・デリバリー・レポートをOfwatは開示しており、広範な関係者に透明性を提供し、上下水道事業者の取り組みを正確に把握することに繋がっている。

　水道事業者は、先進的・平均的・後進的の3つのカテゴリーに分けられており、上位の経営状況にある事業者はプライスレビューにおいて料金上限の引き上げ権利が得られる、下位の事業者は罰金等が設定されており、過去に起きてはいないが、最悪の場合はライセンスの取り消しとなる。

　2022～2023年のレポートでは、各者共通のアウトカム指標として12指標が設定されており、当初設定水準との比較により評価結果が示されている（図表3-3参照）。なお全水道事業者のうち、先導的と評価された事業者は存在せず、標準的と評価された事業者が10社、後進的と評価された事業者は7社であることがレポート内で示されている。

　毎年の業績に対し指標に基づいた評価が行われ、各社横並びでの比較ランキングが公表され、さらにその結果が料金改定に影響を与えるという一連の流れにより、上下水道事業者に対するインセンティブが働くものと考えられる。

図表3-3　設定されているアウトカム指標

・顧客満足	・主要サービス	・漏水
・家庭利用者	・供給停止	・水質
・修繕	・計画外停電	・内水氾濫
・汚染事故	・下水道の破損	・処理施設の管理

出典：Water company performance report 2022-23 Ofwat

　なお、英国では近年、水道会社における株主の変遷による経営の不安定化や水質汚染への対応不備から、ペナルティが嵩み、安定供給が困難となっているケースも見られる。そのためOfwatのモニタリングの限界を問う意見も見られるが、一定期間で機能してきた仕組みにおける、新たな問題点を理解した上で我が国において参考となる点を見出すことが重要であることは、言うまでもない。

（2）フランスの上下水道事業のインセンティブとペナルティ

1）フランス上下水道における民間委託と料金収受

　フランスの上下水道事業では、様々な民間委託の手法が存在しており、その中でもアフェルマージュと呼ばれる料金収受も民間事業者が実施する委託方法が特徴的である。そして料金収受によるインセンティブあるいはペナルティを設定することで、事業への影響を発注者が一定程度コントロールすることが可能となり、単純な委託費支払に比べて、民間事業者の経営に影響を与えることができるものと考えられる。

　フランスの上下水道料金は一体で徴収されており、内訳として消費量に関係なく支払う固定部分と、変動部分に分けられている。上下水道の2022年の平均価格は4.34ユーロ/㎥（上水2.13ユーロ/㎥、下水2.21ユーロ/㎥）であり、月々の支払は43.4ユーロ、日本円に換算すると約5,990円である。また、固定部分は上下水道サービスの費用の30％が上限とされており、調査時点の固定部分の平均は12％、変動部分の平均は88％となっている。

　フランスの上下水道料金は、"Water pays for Waterの原則"があり、上下水道供給サービスは、商工業サービスと同じという位置付けであり、運営主体が公営であろうと、民営であろうと、収支はバランスがとれたものであることが求められている。また第2章でも示したように、KPIが設定されていて情報公開義務により透明性を高めている。

　なお、フランスでは人口3,000人未満のコミューンでは、この料金徴収の原則は適用されておらず、一般予算から上下水道サービスに資金を流用することができるため、料金の引き下げが可能となっている。特に小規模コミューンの場合は下水処理が単純で、建設・維持管理費が安価、性能に関する規制要件もそれほど厳しくないといった背景から、コミューン直営のままとし、料金を低廉に抑えるようなケースもある。

　そのため、人口規模別の上下水道料金を見ると、大規模となるほど規模の経済が働き料金が低廉化するが、規模のメリットが得られない中規模の事業体における料金が最も高くなる傾向にある（図表3-4参照）。

図表3-4 人口規模別上下水道料金（1㎥当たり税込）

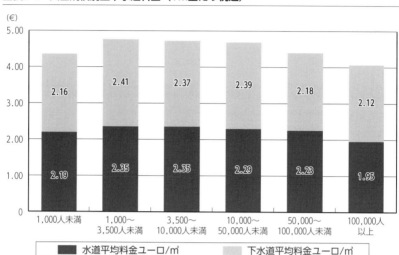

出典：OFB Observatoire des services publics d'eau et d'assainissement

　フランスの料金改定については、基本的に地方自治体が議会へ諮り決定するものであり、これは官民連携事業であっても同様である。つまり、料金を民間が直接収受するコンセッションやアフェルマージュであっても料金の改定権限は地方自治体の条例で定められており、民間事業者が自由に料金改定することができない点は、我が国と同じである。

　しかし、我が国と異なるのは、料金改定にあたっては、極力政治的な要因に影響されないよう、官民連携の場合は、契約当初に計算式による料金ルールが定められている点が特徴的である。料金改定の基本的な考え方は、コストベースであり、運営費用の割合に対し前年度コストにインフレ指標等を反映しているが、加えて公共側でインフレ指標に変動しない係数を設定し、これにより、料金の変動幅をコントロールしている。この係数は、発注者と事業者との協議で最終的に決めている。

2) インセンティブとペナルティ
①インセンティブの考え方
　フランスの官民連携による上下水道事業におけるインセンティブでは、直接的なボーナスによるインセンティブが設定されている例はなく、あくまでも利用料金収入に占めるコスト削減の努力による、利益幅の拡大が基本となっている。利用料金収入は、議会により決定されることから、民間事業者が自由に設定することは難しく、そのため事業者の利益はいかに効率的に業務を実施し、これにより利益を増幅させることができるかが求められている。

　そのためにも、第2章で整理したKPIの設定と評価が重要であり、発注者である公共にとっても、民間事業者にとっても、適切な指標及び水準の設定に注力しているものである。

　直接的なインセンティブとは異なるものの、類似の考え方としてプロフィットシェアを導入している事例も見受けられる。プロフィットシェアは、想定利益を超えた場合にその利益を官民で分配する方法である。ただし、フランスにおいては、過去に予定を大幅に超える利益を得ていたことに対する批判が強まったため、これを解消するために導入された措置としての性格が強い。プロフィットシェアは、予定していた利益水準を超えた場合に、事前に設定していた割合で官と民が利益を分配することが一般的である。

　フランスの事例では、入札提案時に応札事業者が予測した利益の20％を超えた場合に、その利益の100％を公共へ事業終了時に支払うものがある。プロフィットシェアは、利益配分を事前に明文化することで、利益の透明性の向上を図る目的として導入されている。

②ペナルティの考え方
　事業者のパフォーマンスを促進させるために、業務指標のうち重要なKPIや目標を順守させたい業務指標に対し、ペナルティを設定することがある。しかし、すべての指標についてペナルティを設定するものではなく、また罰金を科すことを目的として設定するものではなく、基本的に、発注者が強く順守を求めるものに対する抑止力としてペナルティを設定するものである。

　ペナルティは、発注者である公共が設定するのが一般的であるが、フランスで

は民間に追加的に提案させるケースも見られる。

　ペナルティの内容には、技術的な事項に関するもの、提出書類及び提出サービスに関するもの、投資に関するもの、といった内容で区分けするケースが見られ、事業に適したペナルティの設定が重要となる。

　ただし発注者があまりにも多いペナルティ項目を設定したり、受託事業者が回避困難な指標レベルを設定してしまうと、事業継続を阻害するという可能性があることに、留意が必要である。

　ペナルティは、事業者にとって大きな負担となることから、事業が負のスパイラルに陥らないために、"ペナルティキャップ"を設定することがある。特に、参画する民間事業者やその親会社等では、際限のないリスク負担が事業参画の阻害要件と捉えられてしまうため、適切な競争環境を保つために、ペナルティキャップを設定することが有効である。

　フランスの事例では、ペナルティキャップを超えるような業務不履行等が発生した場合は、①発注者が暫定直営の手続きを開始し、また、②業務失効手続きを実施する権利を得ることができるようになっている。具体的には、契約書に「適用されるペナルティの上限は、前年の受託事業者の収入額の10％」と定め、おおむね3年間分の利益に相当する金額レベルを設定した例がある。

（3）インセンティブを引き出すための示唆

　基本的には、収受する料金に対してどれだけコスト削減や効率化が図れるかが民間事業者にとってのインセンティブであるが、過度なリスク負担に対してはペナルティキャップが設定されていることや、事業期間中に必要な投資を実施させるために、事業終了時に想定されるリスクに一定の考慮がされている点から、抑止力としてのペナルティを設定しつつ、全体としてリスク低減を図り事業参画ハードルを低くすることで、競争環境を整え、民間事業者の参画インセンティブを高める工夫が見られる。

　一方で、インセンティブは、民間事業者による効率化によるコスト削減効果が利益であり、英国のように完全民営化でない限り直接的なボーナスの支払は考えにくい。ケースとして一部で導入が見られるプロフィットシェアについても、民

間事業者の大幅な利益確保を抑制するための仕組みであることは、上下水道事業では大幅な収入増が見込み難いことを象徴しているものと考えられる。

　このような面から、第2章で書いたような海外で多く見られる丁寧かつ明確なKPIの設定や、評価結果等の積極的な情報開示が、料金改定の明確化とリスクの縮小に寄与している部分であり、料金収入の変動を適切に反映、あるいは吸収できる仕組みにより、事業の安定性を図ることが重視されている。それとともに、民間事業者が受入可能なレベルのリスク水準とすることで、参画事業者を確保し競争性をもたせることが必要であることがわかる。

第3章　海外事例から得られる我が国の上下水道事業の課題解消への視座

4 上下水道事業の特性やリスクに着目したアライアンス方式の概念の導入

　我が国の上下水道事業は、第1章で記載したように「人的資源」、「物的資源」、「財政的資源」の観点で多くの課題を抱えており、これらの課題を乗り越え、各種施設や設備の更新や維持管理運営を実施していくための有力な手段の一つとして官民連携がある。
　そこで、第2章第4節で紹介したオーストラリアで導入され、一定の効果を発揮しているアライアンス契約について、我が国の上下水道事業の特性や官民連携事業のリスク分担に着目した場合の導入可能性について述べる。
　以降では、我が国の上下水道事業での官民連携事業におけるリスク分担や特性等について紹介した後に、アライアンス契約の導入により期待できる効果等について述べる。

（1）我が国の上下水道事業での官民連携事業におけるリスク分担や特性について

1）官民連携事業におけるリスク／リスク分担に関する考え方

　まずは、我が国の官民連携事業におけるリスク分担の考え方を紹介する。
　内閣府の「PFI事業におけるリスク分担等に関するガイドライン」によると、官民連携事業におけるリスクとは、「協定等の締結の時点では、選定事業の事業期間中に発生する可能性のある事故、需要の変動、天災、物価の上昇等の経済状況の変化等一切の事由を正確には予測し得ず、これらの事由が顕在化した場合、事業に要する支出または事業から得られる収入が影響を受けることがある。選定事業の実施にあたり、協定等の締結の時点ではその影響を正確には想定できないこのような不確実性のある事由によって、損失が発生する可能性」のことをいう。
　官民連携事業におけるリスクの分担は、「契約当事者のうち、個々のリスクを最も適切に対処できる者が当該リスクの責任を負う」という考え方に基づき協定書等で取り決められることが一般的である。具体的には、公共施設等の管理者等と選定事業者のいずれかが、「リスクの顕在化をより小さな費用で防ぎ得る対応能力」、「リスクが顕在化する恐れが高い場合に追加的支出を極力小さくし得る対

応能力」を有しているかを検討し、かつリスクが顕在化する場合のその責めに帰すべき事由の有無に応じてリスクを負担する者を検討する。

リスク分担の方法としては、大きく分けて4つある。「公共施設等の管理者等あるいは選定事業者のいずれかがすべてを負担」、「双方が一定の分担割合で負担（段階的に分担割合を変えることがあり得る）」、「一定額まで一方が負担し、当該一定額を超えた場合、公共施設等の管理者等あるいは選定事業者のいずれかがすべてを負担または双方が一定の分担割合で負担」、「一定額まで双方が一定の分担割合で負担し、当該一定額を超えた場合、公共施設等の管理者等あるいは選定事業者のいずれかがすべてを負担」である。リスクが顕在化した場合に、負担し得る追加的支出の負担能力はどの程度かも勘案しつつリスクごとに分担を検討する必要がある。

リスク分担の検討にあたっては、リスクが事業ごとに異なるものであり、個々の事業に即してその内容を評価し検討すべきことが基本となることに留意する必要があり、その検討には本来多くの時間と労力を有する。

2）我が国の上下水道事業の特性

上下水道事業は、地域に張り巡らされた管路をもつネットワーク型のインフラ事業であり、地震等の大規模災害が発生した場合、被害が広範囲で発生する可能性が高く、復旧に関する費用や期間も大きくなる可能性がある。また、整備区域の拡大に合わせて順々に整備が行われてきた経緯から、上下水道事業は、更新投資が恒常的に必要となる事業でもある。

上下水道事業の資産の大半を占めるのは管路であるが、これらは地下に埋設されているため、その状態を正確に測ることは難しく、管路の予知できない破損による被害や民間委託にあたって見えていないリスク（瑕疵）が存在することが懸念される。

上下水道事業は、基本的に同一地域内で他の事業者と競争することはなく、地域独占性を有する。故に需要が大きく変動することは少なく、スタジアムやアリーナ等の集客施設のPPP事業等とは異なり、一般的には、需要変動リスクが少ないことが特徴である。

3）上下水道事業のリスクの特性

上下水道事業で主に論点となるリスクとして、災害時等の不可抗力リスク、物価変動リスク、施設瑕疵リスクが挙げられる。これらの内容と一般的なリスク分担の内容について整理する。

①不可抗力リスク

不可抗力リスクとは、台風や地震等の天災等による事業の変更や延期、中止等のいずれの当事者の責めにも帰すことができないリスクのことである。一般的なリスク分担としては、契約書にて、契約解除や追加費用の負担に関する協議について規定するなど、発注者と受注者が協力して対処（リスクを分担）する形になっていることが多い。

なお、民間事業者にも不可抗力リスクの一部を負担させることで、早期復旧のインセンティブを与え、不可抗力事象による損害や費用の増加を抑制させることが期待される場合もある。

民間事業者は、負担するリスクについて、火災保険や地震保険、天候保険等の付保によりリスク対応を図っている。

②物価変動リスク

事業期間中の物価変動についても、発注者と受注者が協力してリスク分担することがある。具体的には、電気料金等の動力費や修繕費、施設更新費等について価格に著しい変動が生じたことにより当初の契約条件や積算方法が不適当になった場合に相手方に単価の変更や積算方法の変更を請求することができるように規定していることが多い。

例えば、電気料金等の動力費に関して、国内における価格に著しい変動を生じたことにより、受注者が受給契約を結ぶ電気事業者との電力受給契約において基本料金、電力量料金（燃料費調整額を含む）、再生可能エネルギー発電促進賦課金の単価が改定された結果、契約で定めた送水量及び揚水量1㎥当たりの単価が不適当となったときに相手方（発注者／受注者）に対して動力費提案単価の変更を請求し、協議することができることを規定している事例もある。例えば変動率が1％を上回った場合、または－1％を下回った場合といったことが考えられる。

また、上下水道事業の包括委託では、国内における賃金水準や物価変動により委託料の額が不適当となったと認めるときは相手方に対して委託料の変更を請求することができると定めている事例が多いが、実際に不適当と見なされる変動割合等を契約書に規定していない事例やそのような事態が発生してから委託料の算定方法や支払方法等について協議することを規定している事例も散見される。

　昨今の物価変動等については、2024年1月に内閣府から関係者にPPP/PFI事業契約締結後であっても受注者から協議の申し出があった場合には、適切に協議に応じること等により、状況に応じた必要な契約変更を実施するなど適切な対応を図るように通知されている。

　しかし、物価変動等の協議可能な事象が発生した際に受託者が発注者に契約変更にかかる協議を依頼しなかったり、依頼しても発注者側が予算を確保していない等の理由で契約変更が認められないという実態がある。

③施設瑕疵リスク

　施設瑕疵リスクとは、受託者へ施設の維持管理業務を移転する際に、発注者が受注者に提示できていなかった施設や設備の不備に関する事象を原因とする損害等が発生するリスクである。

　官民連携事業の公募では、施設の現況や維持管理に係るリスクを適切に把握するために、施設の現況に関する資料の公表だけでなく現場の見学を実施することが多いが、管路に関しては、浄水場や下水処理場といった施設と異なり地中に埋まっており、現状等を確認することが難しいことから管路において特に発現しやすいリスクである。

（2）我が国の上下水道事業のリスクに着目したアライアンス契約の導入について

　上下水道事業は、安心・安全な水の供給と事業の継続性が強く求められる事業である。

　そのため、リスクの分担に加えて、リスクの発生を事前に察知し、またリスクが発生した際の実現可能な対応策を事前に検討することが必要である。

リスクへの対応方法は、「リスクの発生を回避する」、「発生率を低減させる」、「リスク発生による影響を最小限にとどめる」という方法がある。

　国は、官民のリスク分担について、将来的に問題が生じないようにできる限り具体的に定めることが必要としているが、自然災害や水道水における有機フッ素化合物（PFOS、PFOA）のような新たな問題等について契約段階ですべてのリスクを抽出し、リスク分担を明確にすることは難しい。一方で、上下水道事業は、市民生活に直結する事業であり、中断やサービス品質低下は許されないため、受発注者で協業し共同でリスクを管理するとともに柔軟に対応するアライアンス契約が有効ではないかと考える。

　事業体によって官民のリスク分担の考え方が異なり、公募資料のリスク分担表にて、各リスクについて、受発注者の双方が負担する整理となっているが結果的に責任の所在が不明確な場合もある。自然災害は、いつ発生するのか、いつまで続くのか等、未知数なことが多いため、迅速な意思決定と柔軟な対応が必要となる。昨今、豪雨災害や地震の発生等、予見できない災害が頻発しているため、受発注者で柔軟に協働できる性質をもつアライアンス契約の導入が有効であると考える。特に、上下水道事業の災害復旧にあたっては、公共土木施設災害復旧事業費国庫負担法等に基づき原則として地方公共団体が対応することになる一方で、維持管理運営等を委託している場合、受託者の協力が必須であることから、官民で協働する性質をもつアライアンス契約を事前に結ぶことが効力を発揮すると考える。

　我が国の上下水道事業体の多くは、中小規模であり、今後、職員等のリソースの不足が深刻化することが想定されるため、民間事業者との協業がより必要になると考える。民間企業も人手不足であるため、経験豊富な官側職員と協働できることはメリットになると考える。アライアンス契約を活用した場合、官民それぞれがもつノウハウの融合や民間企業の力を生かした各種事象への対応能力の向上や水道事業体の業務負荷低減等の効果の創出が期待でき、リスク管理に対する一体的なガバナンスに繋がる。

　アライアンス契約は、リスク管理だけでなく事前に発注者と確保できる利益について合意することや官側（発注者）が業務遂行体制に組み込まれていることより、業務開始時の引き継ぎが適切に実施される安心感があるため、小規模事業体

の事業であっても、リスクを抑え民間側の参入可能性を高めることが期待できる。

　また、アライアンス契約は、事業者選定段階で目標成果コストの設定等で受発注者が対話、協力する構造のため、民間事業者の参画可能性を高めるための条件変更等を実施することが可能であるとともに、発注者側の契約に係るマンパワーの不足を官民双方で補完することも期待できる。

第4章
既存の枠組みを超えて

第4章　既存の枠組みを超えて

　我が国の上下水道の課題に対しては、すでに各方面において対応策の取り組みが進められている。例えば、ウォーターPPPをはじめとする様々な官民連携の取り組み、台帳情報等のデジタル化、広域化や共同化についての議論、料金体系の見直しなどに加え、近年の災害対応の視点等多くの議論がなされている。

　また、2024年4月からは水道整備・管理行政が厚生労働省から国土交通省に移管され、上下水道事業が同一官庁での管轄となったことから、より一体的な取り組みができるものと期待される。

　本書最終章では、老朽化への早期対応や災害発生時の影響を最小限に食い止め、安定した事業継続を実現するため、今までの既存の枠組みにとどまらない、新たな方向性の模索可能性として、3つのオプションを示した。今まで見てきた海外の取り組みも参考に、事業継続の要である安定した財政基盤確保のための料金体系について、そのための料金規制の在り方や、第三者機関によるチェック機能の重要性を改めて述べたい。

　また、事業基盤の安定性だけでなく、災害発生時の対応や、近年の人材不足への対応も視野に入れた広域化の重要性からは、その促進のための具体的な連携を先行事例より示唆を得ている。

　最後に、業界全体として取り組むためには、行政のみならず民間事業者も含めた、真の官民パートナーシップの重要性を意識し、すでに業務受託等している事業者だけでなく、DXやネットワーク等の分野、土木や電気の関連分野、電気・ガス・鉄道といった類似のインフラ産業等など、より幅広い業種への広がりを推進することの重要性を挙げている。

第4章
既存の枠組みを超えて

1 オプション1
料金規制に関する第三者機関の設立

上下水道事業は、事業規模、水源及び地域環境等により様々であるが、料金徴収により事業を継続することから、最終的には適切な料金水準を設定することが非常に重要である。しかし、現状では必要な水準の料金収受に至っていないケースもあり、ここでは適切な料金水準の設定と維持のために必要な機能として、第三者機関について述べた。

（1）課題背景の整理

　国内上下水道事業は、地形などの地理的な違い、水源や排出水域の違い、人口規模や都市の成り立ちの違い等から、経営上の課題も様々であり、結果として上下水道料金水準に大きな差が生じている。清廉かつ豊富な水源を有していない事業体では、薬品処理等による水処理に係るコストが嵩み、また行政区域内に人口が分散している場合は、より長い管路の敷設が必要となり、人口当たりの管路敷設費用が高くなる傾向にある。

　さらに、全国の上下水道事業は、軒並み老朽化に伴う更新を迎えていることから、今後の更新投資費の増大が想定される一方、人口減少により大きな収入増は見込めず、むしろ節水機器の普及等により、使用水量が減り、収入が減少し財政状況がより厳しくなることが明らかである。

　上下水道料金については、法制度上は総括原価方式であるものの、地域独占事業でもあることから、料金設定や値上げにあたっては慎重な判断が求められ、実際の手続きにおいては地方公共団体の議会承認が必須である。そのため、今までは、値上げを回避するために、老朽化に対応するための更新投資を後ろ倒しにする等の対応で凌いでいたものの、いよいよ投資の先送りでは対応できない状況となってきている。

　今後、各地で上下水道料金の値上げが議論されることが想定される中、上下水道事業の維持・継続のためには適切な料金水準の設定が最大のポイントであるこ

とを踏まえ、ここでは上下水道料金に関する選択肢を提示したい。

（2）国内上下水道における料金設定

　我が国の水道事業は総括原価方式が採用されており、また下水道事業では一部汚水処理に要する経費の公費負担があるものの、雨水公費・汚水私費が原則とされ、基本的に受益者負担であり、事業収入は水道料金・下水道使用料により成り立っている。しかし、赤字経営となっている事業体も一部見受けられ、その割合は水道事業においては1割程度を占め、下水道事業の約7割は下水道使用料だけでは汚水処理費用を賄えていない。

　上下水道事業は地域独占性があることから、その料金設定においては議会の承認が必要である。また、通常は条例により首長が設置する上下水道料金に関する審議会にて審議されているが、料金値上げといった利用者生活に直接影響を与える内容については、慎重に判断され、議会の承認を得るためには相当高いハードルがあるものと推察される。また、このように上下水道料金が住民の生活に大きく影響を与えることから、時には政治的な判断にて必要な値上げが見送られるようなこともあり、必ずしも料金収入からコストを賄う状況にない事業も見受けられる。

　なお、近年の水道料金は過去15年間の全国平均を見ると約7.7％増、金額では257円の増加となっており、同期間の電気、ガスの消費者物価指数に比べて低位であることからも、今後は料金値上げ傾向が想定される。

（3）事業経営に対する独立的なチェック機関の必要性

　今後の増加が想定される更新投資を、人口減少により減少基調にある料金収入で賄うためには、経費削減による対応策では限界があり、料金見直し、特に料金の値上げも視野に入ってくる。しかし、前述のように、上下水道事業の経営に大きく影響を与える料金については、地域性により必要な料金水準は様々であることに加え、議会の議決を要する点、政治的な関与が否めない点等があり、将来的な事業計画を踏まえた一律の適正料金水準を設定することが難しい状況にある。

　そこで、ここでは英国における料金規制機関であるOfwatの取り組みを参考

とした、特に上下水道料金に着目した客観的な評価機能の重要性について提示するものである。

　第2章に記載の通り、英国では水道事業が完全に民営化され、公営時と同様に引き続き地域独占状況にあり、競争環境による料金水準の適正化が難しい状態にあることから、独立機関であるOfwatにより様々な規制の枠組みにてモニタリングを実施している。一方で、我が国では、上下水道事業は公営であり、料金改定等は議会の承認が必要とされており、英国とは事業環境が異なるものの、必要な投資に対する適切な料金水準による投資回収が困難であるという、硬直的な料金設定が課題となっている。

　更新投資を先送りにしてきたことによる老朽化の進展に対応するための投資を、急激に進む人口減少による料金収入では回収できない事業体にとっては、将来の上下水道事業継続のための料金値上げの必要性について明確に提示する第三者機関の存在は、一助となろう。特に、料金値上げは当該地方公共団体としても利用者である市民へ負担を強いるものであることから、第三者機関が客観的なデータによる説明を行うことで、建設的な議論と理解の醸成に繋がることも期待される。

（4）第三者機関による国内上下水道事業の経営情報の収集・分析・規制

　適正な料金水準の設定と、持続可能な事業経営をめざすにあたり、現在、基本的に行政が担っている上下水道事業の経営に関し、ここで第三者機関の目線によるチェック機能や情報収集・分析機能を導入することを提案したい。これは技術的な水準や業務遂行については、主に法令や規定等において定められているものの、経営については公共事業であることから、事業自体が破綻することは想定されておらず、電気やガスのような明確な規制監督機関がない状態にあったことから、第三者機関の視点による確認や情報提供が有効となると考えられるためである。

　我が国の上下水道事業、特に中小規模の事業体では、日頃の業務遂行で手いっぱいである上、今後は職員数の減少が想定される。現状の経営課題の抽出、対応策の検討、将来的な投資計画の策定や、これを含めた中長期的な収支見込み等、

多々ある事項を検討する時間的、人員的余地に乏しい。

　通常、これら計画策定や検討については、外部のコンサルタントを活用するケースも多いが、個別事業体の特性を踏まえた課題把握ができていない中で、外部コンサルタントへ委託をしても、適切な成果が得られない懸念もある。

　地方公共団体からアプローチしやすく、わかりやすい窓口として第三者機関の専門家集団を組成することで、相談や依頼のハードルが下がり、経営改善の先送りを阻止することにも繋がる。

　また、客観的な指標等による当該事業の評価の支援＝実行支援機能をこの第三者機関にもたせることで、経営改善を中心にウォーターPPP導入や広域化の推進も広く支援することが可能となろう。

（5）第三者機関が担う役割

1）情報収集・発信機能

　上下水道料金に関しては、総括原価方式にのっとった明確な料金水準を対外的に示し、その上で将来の人口推移や投資計画、社会変化や地域特性などの要因を踏まえた料金を、利用者に対しわかりやすく示すことが必要となる。別途実施したアンケートでは、上下水道料金が税金ではなく利用料金で賄われていることや施設の老朽化が著しい点については認知度合いが高くないことがわかった。

　第三者機関が客観的な指標の活用や料金に関する分析を進め、全国の事業体から情報を収集することで、事業体相互の比較や全国における料金水準の確認、各事業体が目標にできるようなベンチマークなどを示すことができる。これにより上下水道事業者が自ら時間を割いて分析等を行う労力を省略することができ、また情報の開示により市民や利用者等が自らアクセスすることで、上下水道事業の現状や課題等の認識を深めることに繋がる。

2）料金規制機能

　現在の上下水道事業における料金改定にあたっては、議会の承認が必要であり、またその前段では、条例にて設置されている水道料金に関する審議会で審議が行われることが通例である。

当該第三者機関は、各地方公共団体が設置する審議会を補足、あるいは料金に関する提言を行う形が想定され、議会での承認に向けて客観的なデータに基づいた、透明性の高い情報開示と上下水道事業の安定継続性を維持するための適切な料金水準に導く役割を担うことが考えられる。また、場合によっては審議会メンバーに加わり、料金改定の提言にも携わることも想定される（図表4-1参照）。

図表4-1　料金見直しのフロー

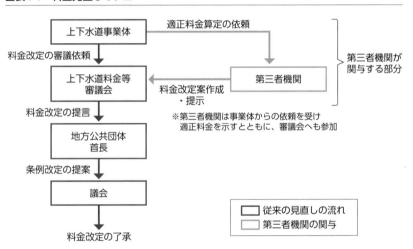

英国Ofwatは独立機関として料金規制権限を有しており、料金上限設定等の強力な権限を有しているが、我が国の上下水道料金で、現行法制度上、議会の承認を要するため、第三者機関独自の規制権限を現時点で付すことは考えにくい。

具体的な料金設定・規制に関する取り組みとして、

- 老朽化等の現状課題を解消し得る将来の事業計画に対して、必要な上下水道料金水準の提示
- 激変緩和や減免措置等の方策の提示
- 上下水道料金水準の経年確認、計画との乖離の確認
- 上下水道料金に関する提言、経営危機等のアラートの通知

等が想定され、いずれも客観的な立場からの情報発信、情報提示となるが、将来的には料金見直しにあたってのインセンティブや規制を付すことも考えられる。

3）実行支援機能

当該第三者機関については、単に情報を収集、分析し、適切な料金水準を示すだけでなく、特に今後の経営改善のための実行支援機能をもたせ、経営改善を促し、持続可能な事業へ導く役割も付加できよう。

例えば、広域化への取り組みやウォーターPPPをはじめとした官民連携の取り組みは、事業体にとっても経験が少なく、時間と労力を要することから、当該第三者機関にノウハウを蓄積し、事業体と経営目線からサポートすることが考えられる。

図表4-2　第三者機関の機能イメージ

第三者機関
○情報収集・分析/情報発信機能 　経営や料金に関する情報を収集、分析し、上下水道事業体向け及び対外的な情報発信を行う（ex.ベンチマークの設定、事業体間比較等） ○実行支援機能 　経営分析や料金改定の検討等を通して事業体の経営改善等の支援を行う（ex.投資計画策定支援、経営分析支援、PPP導入検討支援、料金改定支援） ○料金規制・チェック機能 　料金水準のチェックや他事業体との比較、事業継続性の視点からの指摘等、客観的指標等による経営モニタリングを行う（ex.適正料金水準の維持推進、事業計画モニタリング）

- 経営・料金に関するチェックと規制を行う機能
- 第三者機関の2つの側面
- 自力で検討・実行が困難な事業体に対する実行支援機能

（6）第三者機関の体制

　第三者機関は、既存管轄省庁内への設置や、既存団体等へ機能を追加するなどが考えられる。また、すでに一定の事業知見を組織的に蓄積されている大都市事業体への協力要請なども考えられる。運営原資は会費制、予算付けの他に、将来的にある程度の分析業務のボリュームが確保されるなら実行支援に対する対価を収益とすることも考えられるが、設立初期の段階では一定の公的予算を充てることが必要であろう。

　所属するメンバーとしては、上下水道経営に関する専門家（初期段階は自治体職員が中心）、公的サービス業種における料金設定等の業務経験者（例：電力、ガスを中心とした他規制業種の関係者）、会計・税理士等の財務専門家などが想定される。

　なお、英国Ofwatでは、設立当初は学識者や行政関係者が中心であったが、徐々に民間の専門知見を有するメンバーに入れ替わっており、現在では第三者の料金規制機関として独立的な立ち位置を維持しているとみられる。

　公表データを活用した経営分析により、全国の上下水道事業体に関する一定の評価が可能であるが、個々の事業体の特性等を反映した分析は、当該事業体からの情報提供なしには難しい。そのため、ここで提案する第三者機関は、全国すべての上下水道事業体を最初から対象とするのではなく、特に課題を抱える事業体や、老朽化等に喫緊に対応が迫られている事業体から、徐々に全国に広げていくことも想定される。

　全国には約3,700の上水道・簡易水道事業が、約3,600に及ぶ下水道事業があることから、これらすべてを最初から対象とするのではなく、より経営状況の厳しい中小規模の事業体や、早急な課題解決が必要な事業体から優先して対応することが考えられる。

第4章　既存の枠組みを超えて

2 オプション2
流域ベースの上下水道一体広域化を促進

2024年４月から水道行政が厚生労働省から国土交通省へ移管されたことに伴い、地方整備局等の地方部局において河川部門が上下水道を一体所掌する体制が構築された。これにより、今後上下水道事業を所管する主体は、国、地方整備局、都道府県、水道事業者、下水道事業者という構成になる。地方整備局では、河川部地域河川課が水道、下水道の両事業を所掌することになる。河川部は、国の直轄事業の中で全国の各水系に河川事務所を有し、それぞれの現場が全国の地方公共団体との強固なネットワークを有していることから、今後は上下水道一体となった広域化の働きかけ等が期待できる。

そのため、オプション２として「流域ベースの上下水道一体広域化」について述べる。

なお、上下水道事業の広域化は、地域特性等を踏まえて慎重に検討されるものであるため、「その他の広域化」手法を排除するものではないことを付言しておく。

（1）上水道事業における広域化の類型等について

　我が国の水道事業が抱える多くの課題に対し、国はこれらの課題の有効な対策手段の一つとして、水道事業の広域化を掲げており、広域化の推進には、都道府県のリーダーシップが不可欠としている。

　水道事業の広域化は、連携する相手方との関係や水源・水系・地形・既存の施設配置・受水の有無等地域の実情に応じて様々な形態が考えられることから、各事業者が、地域の実情に応じて、「事業統合」、「経営の一体化」、「施設の共同設置」、「施設管理の共同化」、「管理の一体化」等から適切な広域化等の形を選択する必要がある。

　広域化等の検討にあたっては、連携する相手方との関係や地域の実情に応じて広域化等の効果や実現可能性が大きく異なるという課題もあることから、総務省は、広域化等のパターンや単位として、水源・水系が共通している団体、用水供給を行う都道府県・企業団と末端給水を行う市町村、連携中枢都市圏または定住自立圏の活用、既存の一部事務組合の活用などを念頭に、経営の現状・課題や将

来推計についての情報を共有した上で、適切な連携の組み合わせの選択に向けて検討されることが望ましいとしている。

広域化の先行事例を類型化すると用水供給事業と受水末端事業との統合を実施した「垂直統合型」、複数の水道事業の統合を実施した「水平統合型」、中核事業による周辺小規模事業の吸収統合を実施した「弱者救済型」の3パターンに整理される。いずれの場合も経営統合を含む事例が存在する。

2023年度まで水道事業を所管していた厚生労働省は、都道府県・水道事業者等への広域連携等に関する財政的支援により広域化を推進していた。広域化が進まない背景には、水道料金や財政状況、施設整備水準等に関して水道事業体間の格差があることが考えられる。

（2）上水道事業の広域化に係る政策等について

2018年の水道法改正により、都道府県は、水道の基盤を強化するために必要があると認めるときは、基本方針に基づき、水道基盤強化計画を定めることができることになった。

都道府県は、市町村の区域を超えた広域的な水道事業者等の間の連携等の推進に関し必要な協議を行うため、当該都道府県が定める区域において広域的連携等推進協議会を組織することができるようになり、広域的連携等推進協議会において協議が調った事項について広域的連携等推進協議会の構成員は、その協議結果を尊重しなければならないとされている。

また、2019年1月25日付の総務省自治財政局長、厚生労働省大臣官房生活衛生・食品安全審議官通知にて、経営統合や施設の共同設置、事務の広域的処理等、多様な広域化について、都道府県を中心として、具体的かつ計画的に取り組みを進めていくため、都道府県に対し、2022年度末までの「水道広域化推進プラン」の策定が要請されている。「水道広域化推進プラン」は、水道基盤強化計画を見据え、これに先立って策定するものであり、最終的には水道基盤強化計画に引き継がれることが想定されている。

「水道広域化推進プラン」における検討内容は主に3つの要素からなる。1点目「現状と将来見通し」では、市町村等の水道事業者ごとの経営環境と経営状況に

係る現状を整理し、将来見通しを策定した上での、経営上課題分析が求められている。2点目「広域化のシミュレーションと効果」では、広域化の多様な類型の中で、圏域や当該地域における経営上の課題、及び実現可能性を踏まえ、広域化パターンの設定を行い、広域化のシミュレーションによって、広域化パターンごとの効果を踏まえた将来見通しと、広域化を行わない場合の自然体の将来見通しとの比較により、総合的な効果の算出を行うことが求められている。3点目「今後の広域化に係る推進方針等」では、前段の検討を踏まえて、今後、実施または検討を進めていく広域化について、広域化の推進方針を定めた上で、当面の具体的取り組み及びスケジュールを定めることが求められている。

　国は、水道事業の多様な広域化を推進するために、広域化に伴い必要となる施設整備やシステム共同化等に関する経費について、1/2を一般会計出資債の対象とし、その元利償還金の60％を普通交付税措置としている（2019年度から単独事業を対象に追加するとともに、交付税措置を50％から60％に拡充している）。

　厚生労働省は、2023年4月25日の事務連絡にて、都道府県はプランに基づく取り組みを推進する役割を担うものであることから、市町村等の間の協議にあたって、プラン策定に際して構築した広域化に関する検討体制を活用するなど、調整機能を発揮することが求められるとしている。併せて、プラン策定に引き続き、市町村財政担当課や水道行政担当課等の関係部局が参加する一元的な体制を継続することが望ましいとされている。水道事業者等である市町村等は、都道府県とともに、プランを踏まえて水道事業等の広域化に係る検討を行い、これを踏まえたアセットマネジメントに取り組むとともに、検討結果を2025年度までの経営戦略の改定の際に反映することが求められている。

（3）下水道事業における広域化・共同化の類型等について

　下水道事業においても様々な課題を解決する有効な手法の一つとして、広域化・共同化が掲げられている。下水道事業の広域化・共同化においても、上水道事業と同様に地理的条件や隣接した施設・地区の特性、地方公共団体が抱える課題等を踏まえ、適切な手法を選択する必要がある。

　下水道事業においては、広域化・共同化の手法としてハード連携とソフト連携

が想定されている。ハード連携としては、「施設の統廃合」、「複数の市町村による施設の共同利用」、「複数の汚水処理事業（下水道、集落排水施設、浄化槽等）による下水道施設の共同利用」が想定されている。ソフト連携としては、「維持管理の共同化（複数市町村で処理場の運転管理業務や日常保守点検業務等の共同発注、ICTを活用した処理場の集中監視、水質試験室の共同利用等）」や「事務の共同化（日常的な使用料徴収や滞納管理などの会計処理、下水道台帳管理、水洗化促進等の事務処理方法をルール化・マニュアル化し共同管理等）」が想定されている。

（4）下水道事業の広域化・共同化に係る政策等について

　下水道等の接続可能な事業運営に向けて、「経済・財政再生計画改革工程表2017改定版」（平成29年12月21日経済財政諮問会議決定）において、2022年度までの広域化・共同化を推進するための目標として、「すべての都道府県における広域化・共同化に関する計画策定」と「汚水処理施設の統廃合に取り組む地区数」が設定された。

「広域化・共同化計画」は、既存の都道府県構想（汚水処理システムの効率的な整備・管理に向け、下水道、集落排水、浄化槽の役割分担や相互連携について、構想として取りまとめたもの）の見直しの枠組みを活用するなどし、都道府県が市町村と連携し、特に行政間を跨ぐハードとソフトの広域化について検討するものである。検討にあたっては、都道府県の管内全市町村が検討の枠組みに参加し、検討を進めることが必要とされ、効果的に検討を進めるため、地域の実情（地理的要因・流域・社会経済圏等）を踏まえて、都道府県内を複数のブロックに分割し、各ブロック単位で検討することが有効とされている。

　これを踏まえて、2022年度末までにすべての都道府県にて「広域化・共同化計画」を策定するとともに、2017年度から2022年度までの汚水処理施設の統廃合に取り組む地区数については、関係4省（国土交通省・総務省・農林水産省・環境省）で目標値が450（うち、統廃合の工事完了は380、工事着手は70）と設定された。

　2015年5月に改正された下水道法（第31条の4）において、広域化・共同化に関する取り組みを促進するため、複数の下水道管理者による広域的な連携に向

けた協議の場として、協議会制度が創設されている。2016年8月には大阪府内の4市町村（富田林市、太子町、河南町、千早赤阪村）で全国初の協議会を設置、その後埼玉県や長崎県でも協議会が設置され、広域的な連携に向けた検討が進められている。

（5）流域ベースの上下水道一体広域化について

これまで述べてきた通り、上下水道事業において広域化・共同化を検討するにあたっては、地域性や地理的要因等の複数の要素を勘案して検討を進める必要がある。

上下水道事業にはそれぞれ広域で展開している事業があり、水道事業には、用水供給事業、下水道事業には、流域下水道事業がある。これらは、一般的に地理的要因や流域という観点で効率的な事業となっている。

また流域下水道事業は、単独の公共下水道事業と比較して、財政措置が優遇されており、広域処理に伴うスケールメリットと相まって、高い経費削減効果・使用料抑制効果が見込まれている（図表4-3参照）。

図表4-3　流域下水道と公共下水道の地方財政措置の比較

	社会資本整備総合交付金	地方負担分	下水道債				地方負担分に対する交付税措置の割合
			(通常措置分)		(流域下水道に係る臨時措置分)		
			充当率（地方負担分に対する割合）	交付税措置	充当率（地方負担分に対する割合）	交付税措置	
流域下水道	処理場　2/3　管渠　1/2	県(1/2)	60%	49%	40%	100%	69.4%
		市町村(建設費負担金)(1/2)	60%	21%〜49%	40%	100%	52.6%〜69.4%
公共下水道	処理場　5.5/10　管渠　1/2	市町村	100%	21%〜49%			21%〜49%

出典：総務省「下水道事業における広域化・共同化の推進について」

流域下水道事業が公共下水道事業よりも地方財政措置で優遇されていること等も勘案すれば、これらの既存の広域で事業を展開している事業をベースとして、上下水道一体での流域ベースでの広域化や共同化を検討することが効果的ではないかと考える。

すでに多くの上下水道事業体では、処理場の維持管理運営や窓口業務等にて民間委託が実施されているため、これらの委託先を起点とした周辺の事業体からの類似業務受託による実質的な広域化・共同化も考えられるだろう。

以降では、流域ベースの上下水道一体広域化についての検討が開始されている愛知県の取り組みと生活排水処理事業等における官民広域補完組織を構築している秋田県の取り組みを紹介する。

1) 愛知県の取り組み〜全国初の県と市町等が連携した上下水道の一本化に向けた取り組み〜

愛知県では上下水道事業の諸問題に対応し、持続可能な上下水道をめざすために、矢作川流域を中心とした西三河地域において全国初の取り組みとなる県と市町等が連携した上下水道の一本化に向けた取り組みを開始している。

矢作川流域を中心とした西三河地域における持続可能な上下水道サービスの提供のためには、上下水道が広域で連携し、料金上昇の抑制、カーボンニュートラルの実現、DXの推進に取り組む必要があるとしている。

そのため、愛知県と市町等で上下水道の広域連携をめざす協議会の設立を視野に、連携による効果検証などを行い、協議会設立に向けた基本方針（案）を取りまとめることを目的として、2024年8月に矢作川流域上下水道広域連携協議会（仮称）準備会を設置し検討を開始している。

矢作川流域上下水道広域連携協議会（仮称）準備会の検討内容としては、「一本化の組織形態」、「広域化・共同化を行う事務事業」、「一本化及び広域化・共同化の効果検証」、「矢作川流域上下水道広域連携協議会（仮称）設立に向けた基本方針（案）」等が掲げられている。

検討対象事業として、「愛知県が所管する矢作川流域下水道事業、水道用水供給事業のうち西三河地域」と「市町等が所管する公共下水道事業と水道事業」を挙げており、愛知県は、岡崎市、碧南市、刈谷市、豊田市、安城市、西尾市、知

立市、高浜市、みよし市、幸田町、愛知中部水道企業団に参画を要請した（図表4-4参照）。（※なお、記載内容については2024年10月末時点の情報）

図表4-4　矢作川流域 上下水道広域連携協議会（仮称）準備会 検討地域

出典：愛知県　「矢作川・豊川ＣＮ推進協議会」参考資料（2024年10月29日）

2）秋田県の取り組み～官民出資の広域補完組織による持続可能な生活排水処理事業の実現～

　秋田県では、施設の老朽化や人口減少に伴う使用料収入の減少、専門的技術職員の不足など、生活排水処理事業を取り巻く環境が一層厳しさを増しており、自治体ごとに単独で事業を運営していくことが困難になりつつある。
　このような課題に秋田県と市町村が一丸となって対応するため「秋田県生活排水処理事業連絡協議会」等にて検討し、生活排水処理事業等の事務執行を技術的な側面等から支援する第三者組織が補完し、最適な投資財政計画により持続的な経営をめざすという考えから、自治体の効率的な事業運営（事務の補完や技術の

第4章
既存の枠組みを超えて

継承等)を支援する広域補完組織を立ち上げている。

広域補完組織の形態は、秋田県や市町村が有するノウハウと民間事業者の高度な専門知識や新たな知見、時宜を捉えた機動力等の融合による相乗効果を期待し、図表4-5の通り「官民出資株式会社」としている。広域補完組織は、「市町村ニーズへの的確な対応」、「技術的コア業務の内製化」、「市町村に対する持続的なサポート」、「市町村業務のコストの低減」という視点から組織設計され、地域密着型の「水のプロ集団」をめざすものとされている。

図表4-5　広域補完組織のスキーム

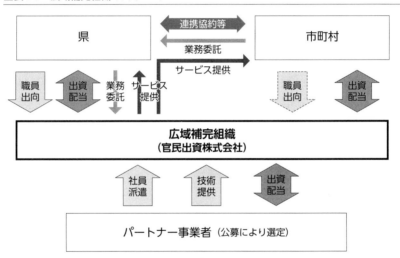

出典:秋田県ウェブサイト「生活排水処理事業に関する"広域補完組織"の検討について」

秋田県は、広域補完組織の特徴として、次の4点を掲げている。1点目、県や市町村等の事業管理者の権限はそのままに秋田県内自治体の事業運営の弱みを補完する。2点目、自治体職員に寄り添い、また担当職員の人事異動に左右されないよう水のプロが事業マネジメントをサポートする。3点目、維持管理情報の集約化により事業運営コストの抑制を図る。4点目、自治体のみならず、PPP/PFI案件への地元企業の参画支援など地域の水環境を持続的に地域で守るようサポー

トする。

　選定された民間事業者グループの代表事業者は、株式会社日水コンで、構成法人として地元企業である株式会社秋田銀行と株式会社友愛ビルサービスが参画しており、民間事業者が49％、公共事業体が51％（県：18.21％、市町村：32.79％）を出資している。

　広域補完組織は、図表4-6の通り、自治体のマンパワーの不足を補完するとともに、効率的な維持・更新に向けた事業計画や経営戦略の策定を支援することになっており、自治体の意思決定等に関わる業務を除き、秋田県下の自治体の実情に合わせ、幅広い領域をカバーするとしている。

図表4-6　広域補完組織の業務領域

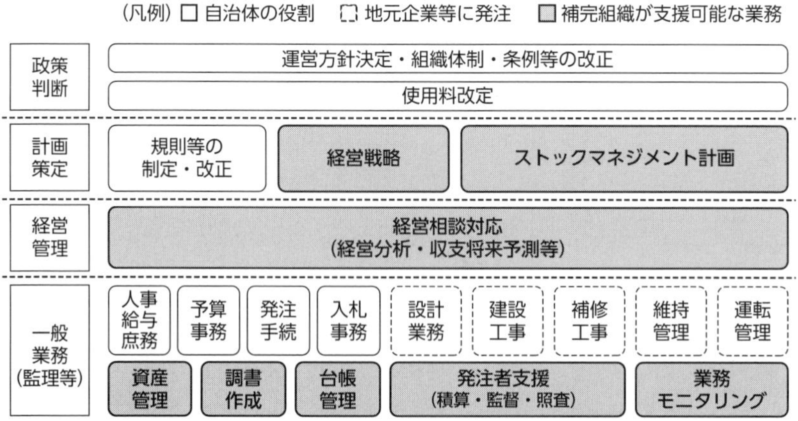

区分	業務領域
政策判断	運営方針決定・組織体制・条例等の改正 / 使用料改定
計画策定	規則等の制定・改正 / 経営戦略 / ストックマネジメント計画
経営管理	経営相談対応（経営分析・収支将来予測等）
一般業務（監理等）	人事給与庶務／予算事務／発注手続／入札事務／設計業務／建設工事／補修工事／維持管理／運転管理／資産管理／調書作成／台帳管理／発注者支援（積算・監督・照査）／業務モニタリング

（凡例）□ 自治体の役割　■ 地元企業等に発注　■ 補完組織が支援可能な業務

出典：秋田県ウェブサイト「生活排水処理事業に関する"広域補完組織"の検討について」

　募集要項では、図表4-7の官民出資会社の長期ビジョンが示されている。
　設立後すぐに注力する事項としては、自治体が抱える課題に早期に対応するための経営戦略やストックマネジメント計画の立案・見直し等の支援が挙げられている。また、計画の策定後はその評価等も含めて伴走型で自治体を支援していくこととされている。
　中期的な展望として、2028年頃には、施設の老朽化に対応した計画的な改

築・修繕の増加や業務効率化に向けた包括的民間委託等の導入拡大が予想されるため、こうした状況変化に応じて、積算資料作成、工事監督補助、業務モニタリング等の事業運営支援を確実に実施するものとしている。また、汚泥資源の肥料利用の促進に向けた普及啓発やPPP/PFI事業の案件形成についても、公共事業体とともに対応していくとされている。

　長期的な展望として、生活排水処理事業に関する業務を通じて培われるノウハウを生かした事業の拡大も挙げられている。具体的には、技術やノウハウに共通する部分が多い水道等の他のインフラ分野への水平展開や隣県をはじめとした他地域への支援拡大が挙げられている。また募集要項では、県が官民出資会社に委託予定の業務を示しているが、中期的、長期的な業務拡大に伴って県以外の者から業務を受託することも想定されると記載されている。

図表4-7　官民出資会社の長期ビジョンイメージ

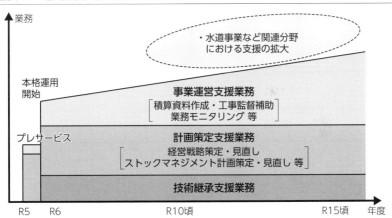

出典：秋田県「生活排水処理事業等の事務を補完する官民出資会社パートナー事業者募集要項」

　これを受けた民間事業者の提案等によると、事業開始後の5年間で、生活排水処理事業の施設・経営の情報を一元的に管理し、タイムリーかつ的確に分析するための「広域情報プラットフォーム」の構築や産官学の研修会等を開催するとしている。次の5年間で、地元企業等との協業など水インフラの広域共同的維持管

理・改築更新モデルの導入に向けた支援や水を端緒とした地域価値共創モデルの構想検討、RPA、AIの導入、秋田版DXモデルの実装に向けた支援が予定されている。その後は、同様の課題を抱える全国の自治体に、秋田県で培われたノウハウを展開し、貢献領域を拡大するとともに、水インフラを基盤としつつ、様々なインフラや社会サービスをパッケージ化して支援する「秋田版シュタットベルケ」の実現がめざされている。

　これまで見てきた、愛知県での矢作川流域を中心とした西三河地域における県と市町村が連携した上下水道の一本化に向けた取り組みや秋田県の生活排水処理事業における全県域を対象とした官民広域補完組織の設立は、流域ベースの上下水道一体広域化に繋がるものであり、このような取り組みが今後増えていくことで、我が国の上下水道事業が抱える課題の解消に繋がるものと思料する。
　また、広域化・共同化の検討は都道府県が中心となって進めることが期待されるが、検討段階において、料金水準の検討や経営改善のために、オプション１にて示した第三者機関を活用し、都道府県の検討を支援することも想定される。
　さらに、官民出資会社の設立により、官と民が、それぞれの役割を担うことで、地域インフラの課題解決の体制を実現している。

3 オプション3
民間企業の参入機会の拡大

第1章で記載した通り、我が国の上下水道事業は、「人的資源」、「物的資源」、「財政的資源」の観点で課題を抱えており、特に「人的資源」の観点では、地方公務員数の減少割合よりも速いペースでの上下水道事業に従事する職員数の減少と職員の高齢化が、平均的な地方公務員数の減少割合よりも進行しているといった課題がある（上水道事業に従事する職員数は、1990年から上水道全体で32.9%減少[2021年時点]、下水道事業は、2005年と比較して職員数が22.7%減少[2020年時点]している）。

これらの課題の解決策の一つとして官民連携が考えられ、「人的資源」、「物的資源」、「財政的支援」の諸課題の中でも、「人的資源」の問題、特に上下水道事業体の体制補完という観点で官民連携が有効な解決手段の一つとして考えられる。既存の上下水道事業に参画している企業の受託能力にも限りがあることから、官民連携をより一層拡大していくためには、異業種からの新規参入も含めた民間企業の参入機会を拡大することが必要と考える。

以降では、上下水道事業における官民連携の状況や既存参入者が抱える課題、新規参入者として考えられる事業者等について述べる。

（1）上下水道事業における官民連携の状況

第1章第2節で述べた通り、上下水道事業では様々な官民連携が実施されている。上水道分野では、厚生労働省水道課の調べによると、2022年度時点で、運転管理に関する委託は、596水道事業者等（簡易水道も含めた全体の33.7%）で3,259施設において実施されており、下水道分野では、管路施設や下水処理施設の管理業務の9割以上で民間委託が導入されている。

近年の大きな動きとしては、2018年の水道法改正により、地方公共団体が水道事業者等としての位置付けを維持しつつ、厚生労働大臣の許可を受けて、水道施設に関する公共施設等運営権を民間事業者に設定できる仕組み（コンセッション方式）が導入されたことが挙げられる。

また、2023年度改定版の「PPP/PFI推進アクションプラン」で、上下水道事業を巡る厳しい経営状況や執行体制の脆弱化の中で持続可能な事業運営を図るた

め、コンセッション方式とコンセッション方式に準ずる効果が期待できる管理・更新一体マネジメント方式を「ウォーターPPP」として位置付け、導入が推進されている。2026年度までに6件のコンセッション方式の具体化、2031年度までに上下水道それぞれ100件のウォーターPPPの具体化が目標とされている。

この目標達成のためには、第1章第3節で述べた官民連携の推進に際しての課題の解消に加えて、民間事業者の受託能力の拡大のために、すでに上下水道事業に参入している民間事業者の課題を解消するとともに、異業種からの事業者の新規参入の機会の拡大を図る必要があると考える。

（2）上下水道事業にすでに参入している民間事業者が抱える課題

上下水道事業にすでに参入している民間事業者が抱える課題として、以降で述べる「受託能力の不足」と「人手不足」が挙げられる。

1）受託能力の不足

我が国の上下水道事業の整備や維持管理運営は、地方自治体が主体となって担ってきたことから、民間企業の上下水道事業への参画は、計画／設計／土木工事／機械／電気設備工事／維持管理等の業務ごとに細分化されていた。そのため上下水道事業において今後必要となる計画から設計・建設、維持管理運営までを一連して担える企業は限られている状況である。

また、上下水道事業では、宮城県（上水・工水・下水）や浜松市（下水）等にて6件のコンセッション事業が実施されている。各案件の選定結果は図表4-8の通りである。図表からわかるように、コンセッション事業数が限られているという要因はあるものの、受託件数が多い企業でも実績は2件という状況である。

コンセッション事業には、ゼネコンや上下水道施設の維持管理運営企業、水道コンサル等の参画があることがわかるが、これまでの上下水道事業の歴史的な背景等から計画から設計・建設、維持管理運営までを一社単独で担える企業は、ほぼ存在しないことがわかる。

また、コンセッション事業は、公募型プロポーザル方式等で公募されることが

第4章 既存の枠組みを超えて

図表4-8　上工下水道事業におけるコンセッション事業の実施状況と選定結果

○：運営権者当選

	浜松市公共下水道終末処理場（西遠処理区）運営事業	（仮称）須崎市公共下水道等運営事業	宮城県上工下水一体官民連携運営事業（みやぎ型管理運営方式）	有明・八代工業用水道運営事業	大阪市工業用水道特定運営事業	三浦市公共下水道（東部処理区）運営事業
ヴェオリア・ジェネッツ株式会社	○		○			
JFEエンジニアリング株式会社（月島JFEアクアソリューション株式会社）	○					
オリックス株式会社	○		○			
東急建設株式会社	○		○			
メタウォーター株式会社			○	○		
メタウォーターサービス株式会社			○	○		
西日本電信電話株式会社				○		
前田建設工業株式会社					○	○
東芝インフラシステムズ株式会社					○	
ヴェオリア・ジャパン株式会社	○					
須山建設株式会社	○					
株式会社ＮＪＳ		○				
株式会社四国ポンプセンター		○				
日立造船中国工事株式会社		○				
株式会社民間資金等活用事業推進機構		○				
株式会社四国銀行		○				
株式会社日立製作所			○			
株式会社日水コン			○			
株式会社復建技術コンサルタント			○			
産電工業株式会社			○			
株式会社橋本店			○			
株式会社熊本県弘済会				○		
株式会社ウエスコ				○		
日本工営株式会社					○	
株式会社クボタ						○
日本水工設計株式会社						○
株式会社ウォーターエージェンシー						○

※1回以上選定されている事業者のみを記載している。
出典：各種公表資料より筆者作成

一般的だが、これまでの上下水処理場の運転管理等の民間委託は、最低制限価格を設けた一般競争入札方式が採用されることも多く、入札参加資格の要件として従前の業務経験等が設定されるのみで、提案を要する評価の視点は設定されていないケースも見られた。民間事業者は、予定価格等から最低制限価格を予想し、

民間事業者の多くが最低制限価格近辺での入札を行い、最低制限価格は、発注者の積算価格から数％引き下げられている場合が多いため、受注者は十分な利益を確保できない場合もあったと考えられる。
　このような民間事業者の提案力や業務改善意欲が阻害される仕組みが長年継続されたため、公募において業務提案や発注者との契約交渉が必要となるコンセッション事業についてのノウハウや知見がなく、受託できる企業が限られていると考えられる。
　2023年度から導入された管理・更新一体マネジメント方式の事業期間は原則10年間であり、事業期間終了後にはコンセッション方式に移行することを検討することが求められる。そのため、管理・更新一体マネジメント方式からコンセッション方式に移行する案件が増加すると考えられる10年後（2034年度以降）を見据えた場合、現状のままでは、コンセッション事業を受託する民間事業者の受託能力が不足することが懸念される。

2）人手不足

　上下水道事業に参画している民間企業の就業者数に関するデータは見当たらないため、関連があると考えられる建設業就業者数を確認した。国土交通省の調べによると建設業就業者数（2021年平均）は、485万人で、ピーク時（1997年平均）から約29％減少している。技能者数（2021年平均）は、309万人で、ピーク時（1997年平均）から約32％減少している。また、建設業就業者は、2021年度時点で、55歳以上が約35.5％、29歳以下が約12％と高齢化が進行しており、次世代への技術承継や人手不足が大きな課題となっている。
　前述した上下水道事業に携わっている公務員数の減少等を鑑みれば、上下水道事業の工事や維持管理に携わっている民間企業の従事者数について、これらの建設業就業者に関するデータと同様の傾向にあると考えることも可能であろう。
　そのため、発注者が地域の水道工事事業者の担い手（新規入職者）の確保のための取り組みを行っている事業体もある。例えば、水道工事従事者の環境整備を行い、新規入職者等を確保しやすくするために、週休２日制確保試行工事の実施や若手育成モデル工事等の取り組みを実施するとともに、技術支援講習会の実施や経営相談、デジタル技術の導入に向けた相談員の派遣等を実施している例がある。

（3）民間企業の参入機会の拡大について

　上下水道事業が抱える課題の解消及び今後創出されるコンセッション案件の受託能力の強化のために、民間企業の上下水道事業への参入機会を一層拡大することが必要と考える。

　上下水道事業への民間事業者の参入拡大に関して、参入する主体別に既存参入事業者と異業種からの新規参入に分類することが可能と考えられる。

　以降では、民間事業者を３つのカテゴリーに分けた場合の上下水道事業の参入状況等について述べる。

１）既存事業者

　前述の通り、我が国には、一社単独でコンセッション事業のような計画から設計建設、維持管理、運営までを担える企業は存在しない。一方で、すでに複数のコンセッション事業に積極的に参画している企業があり、これらの企業には、コンセッション事業に関する一定のノウハウや知見が蓄積されていると考えられる。各社ともウェブサイトやIR資料にて、上下水道事業の設計・建設から運営維持管理までを包括的に受託する事業やコンセッション方式を含む多様な官民連携プロジェクトに今後も積極的に参画する意向を示している。

　このような企業以外にも上下水道事業の設計建設や維持管理等に参画している企業は多くある。別途実施したアンケートでは、利用者の大半は上下水道事業が民間委託されていることを認知していなかったものの、８割近い利用者は民間委託を容認しており、上下水道事業の民間への委託そのものには大きな問題は見られない。まずは、これらの企業が従来参入していた特定の分野だけでなく、包括的な官民連携事業等に参画できるように、より一層官民連携事業に関する理解を醸成することが重要と考える。

２）異業種からの参入

　近年、これまで上下水道事業に参入していなかった異業種の企業による上下水道事業への参入や既存の上下水道事業の枠組みにとらわれないサービスを提供する企業が散見される。異業種からの参入事例として西日本旅客鉄道（株）（以降、

JR西日本）の取り組み、上下水道事業の枠組みにとらわれないサービスを提供している事例としてWOTAの取り組みについて紹介する。

①異業種からの参入事例～ JR西日本の取り組み～

鉄道会社であるJR西日本が上下水道事業に参画しているため、異業種からの参入事例として紹介する。

JR西日本は、京都府福知山市が水道施設の運転管理、管路保全管理、窓口・料金関係業務等を包括的に委託する第二次福知山市上水道事業等包括的民間委託業務に特別目的会社（SPC）の構成員として参画し、JR西日本及びそのグループ会社が「水道事業に関する情報発信」と「水道管の維持管理」を担うことになっている。JR西日本は、新規事業として「総合インフラマネジメント事業」の推進を掲げており、鉄道インフラを支えてきたノウハウ・経験を生かし、人口減少が続く社会が直面するインフラ設備老朽化、技術者確保等の課題解決やインフラマネジメントの広域化、業務包括化等を推進し、地域の産業化に繋げるとしている。

また、JR西日本、NTTコミュニケーションズ㈱、㈱みずほ銀行、㈱三井住友銀行、㈱三菱UFJ銀行、DBJの6社は、業務提携契約を締結し、総合インフラマネジメント事業「JCLaaS（ジェイクラース）」を通じて、「将来世代の豊かな暮らしや経済成長を支え続ける社会インフラへの再構築」と「官・民・市民が未来を共に創る社会の構築」を目指している。「JCLaaS」では、社会インフラサービスのプラットフォーマーとして、「最適化の計画策定」、「資金アレンジ」、「DXの推進」に至るまで、社会インフラの最適化のために必要な機能を総合的に担い、自治体等の状況や要望に応じたサービスを提供するとしている。JR西日本は、鉄道事業の経験を生かし、全体統括と施設・設備の長期的なアセットマネジメントの最適化を主導し、NTTコミュニケーションズは、デジタル化やDXを推進し、DBJ等金融機関は、資金調達スキーム組成や資金提供を主導する。

②上下水道事業の枠組みにとらわれないサービスを提供～ WOTAの取り組み～

管路を通じた配水等の既存の上下水道事業の枠組みにとらわれない水循環システム（小規模分散型水循環システム）の開発・普及をめざしているWOTA㈱の

第4章
既存の枠組みを超えて

取り組みを紹介する。

WOTA社は、既存の上下水道事業の課題である膨大なアセットや災害時の復旧難度が高いこと等を踏まえ、小規模で効率の高い分散型の水循環システムを開発し普及することを目指している。

WOTA社は、2014年に東京大学大学院出身のメンバーが集まって設立されたスタートアップ企業で、水質センサーとAIで水質を常時監視・管理しながら水を再生し循環利用できる装置の研究開発を進め、プロトタイプとなる装置を2018年の西日本豪雨の際に、避難所のシャワーとして提供、2019年に量産化、2024年の能登半島地震においては断水が長期化した半島全域をカバーする展開を行った。

WOTA社が開発した「小規模分散型水循環システム」は、膜ろ過や塩素添加、深紫外線照射によって浄水し、独自開発した「水処理自律制御技術」により水質をリアルタイムで計測する。これらの技術により、一度使用した水の98％以上を再生して循環利用することができる。

WOTA社は、人口密度の低い地域などでは従来型の上下水道施設（特に上下水道管路）ではコストが見合わず、便益を得られない地域に代替手段として「小規模分散型水循環システム」を導入できれば、自治体も従来型施設の維持更新・運用に係るコストを減らすことができる可能性があるとしている。

分散型の水道システムとしては、小規模給水施設の設置や給水車による運搬送水等があり、これらには、管路更新と比べ初期費用の安さや導入の早さなどのメリットがある一方で、維持運営費が高いため長期的に見ると給水原価が上がる可能性があるとしている。この点で当社が構築した「小規模分散型水循環システム」は、水処理の自律制御技術により、使った水をその場で処理し、また使える水に戻す再生・循環の仕組みであるため、管路を必要とせず、人口動態に柔軟な設置が可能なため、コスト面で優位性があるとしている。

WOTA社は、人口減少や上下水道施設・設備の老朽化の加速により、上下水道財政が大幅に悪化していく2040年までの諸問題の解決をめざし「Water 2040」プロジェクトを開始している。

第1フェーズとして設定している2023年には、給水原価が高く住民生活において水問題が顕在化している地域から小規模分散型水循環システムを先行導入

し、実証研究を実施。第2フェーズとして設定している2030年までに、標準モデルを確立させ、財政赤字で老朽化設備を更新しづらい地域の代替手段として、小規模分散型水循環システムの実装を広げるとしている。第3フェーズとして設定している2040年までに、小規模分散型水循環システムが人口密度の低い地域における標準的な水インフラとなり、次の世代が安心して使える持続可能な水インフラの確立をめざすとしている。

　上下水道事業の老朽化対策と安全な維持管理運営を進めるために、上下水道事業にすでに参入している民間事業者が抱えている「大型一体的な業務経験の不足」と「人手不足」という課題を解消するとともに、異業種からの参入がより活発化するように、民間企業の参入機会を拡大する必要があるだろう。
　さらなる参入を活発化するためには、適切なリスクシェアを図った官民連携と事業費が確保されることが重要と考える。
　また、参入事業者の種別にかかわらず、官民連携事業に関する関係者の理解醸成や発注者からの具体的な案件に関する情報提供や対話等を実施することが重要と考える。

第4章
既存の枠組みを超えて

おわりに

　私たちが生活インフラとして当たり前のように利用している上下水道は、その水循環を健全に保つために長年にわたり培われた技術的な蓄積と、すべての人が等しく恩恵を受けられるようにという公益的な理念によって質の高いサービスが維持されてきました。

　しかし、上下水道施設の整備が一巡し、人口が減少に転じ始めた近年では、施設老朽化に対応するための多大な投資や職員減少による労働力確保の困難さ、利用者減少に伴う収入減といったマイナスのスパイラルへと様相が変化しています。

　さらに、近年は気候変動により頻発化、激甚化している豪雨への対応が一層求められるとともに、地震等自然災害を想定した強靱化も引き続き推し進める必要があります。令和6年能登半島地震では、上下水道をはじめとする社会インフラに甚大な被害が発生しました。被害が広域に及んだほか、半島かつ山がちな立地特性から元々限定的だった交通網が寸断されてしまった影響で、その完全な復興には時間を要しています。未だ倒壊した家屋の解体に時間がかかっている現状において、人的リソースの制約がある中で社会インフラの復旧をどこまで優先的に行うべきかという点も議論となっています。このように自然災害が激甚化している現状を踏まえると、上下水道を取り巻く環境は非常に厳しいものといえるでしょう。

　こうした状況に対応するため、施設管理においてはストックマネジメントやアセットマネジメントといった手法の導入推進、点検や管理業務におけるDX活用、公営企業としての中長期的な計画を打ち出すための経営戦略の策定、広域化や共同化の議論、新たな官民連携の枠組みとしてウォーターPPPの導入など、様々な取り組みが進められています。社会環境、自然環境とも変化が急速に進んでいる中、上下水道事業の課題への対応はさらなるスピードアップが求められてくるでしょう。

　これからの社会インフラの課題解決には、サービスを提供する側の公共、民間事業者が、新たな施策をスピード感をもって対応するとともに、これらインフラサービスを受益する利用者においても、施設の維持管理のために料金値上げ等の負担が生じ得ること等、上下水道が直面している現状課題の理解を深める必要が

あります。特に利用者が限られている地方の過疎地においては、先述した災害リスクへの対応も踏まえると、限定的な人的・資金的リソースの中で社会インフラの維持が困難な状況に陥っていることを、利用者を含めた関係者が理解する必要があります。

　これらの状況を踏まえ、本書の第4章では3つのオプションを示すことで、人口減少下で国全体が改革に舵を切る中、様々な先行事例等を参考とし、上下水道においても既存の枠組みを超えた改革が必要であることを述べています。

　海外の取り組みはインフラ整備においても歴史的・社会的背景が異なることから、我が国の参考となるか疑問をもたれる方もいらっしゃるかもしれませんが、試行錯誤を経て、現在の仕組みを構築している取り組みには学ぶべきものが見られます。例えば、フランスでは従来、長期の委託契約が主流でしたが、長期契約により民間事業者の権限が過度に増大するといったデメリットを解消するため、近年は十数年程度の契約が主流となっています。こうした先行事例は現在の姿に至る経緯も含めて我が国でも参考にできるものと考えます。

　各国の制度は異なるものの上下水道事業が直面している根本的な課題はどの国も共通しており、特にすでに改革が進み、一定のサービス水準を維持するステージに入っている欧州の取り組みは、早急に課題に対応する必要のある我が国にとって、その失敗点も含めて十分に研究に値する対象でしょう。

　また、我が国における上下水道課題の解決ツールの主要な一端を担う官民連携においては、そのリスク分担が度々議論となりますが、極端に民間にリスクを振ることも、反対に公共がリスクを抱え過ぎることも、事業の安定性に影響を及ぼす中、官民でリスクを一緒に取るといった、新たな考え方を試行しているオーストラリアの事例などは、今後の展開も含めて、引き続き注目すべき取り組みといえます。

　本書でご紹介した事例や試みが、少しでも上下水道事業における新たな取り組みへ一歩踏み出す一助になれば幸いです。

2025年1月

株式会社日本政策投資銀行　産業調査部長　兼　地域調査部担当部長

宮川　暁世

＜編著者一覧＞
【監修】
　高澤　利康（日本政策投資銀行　取締役常務執行役員）

【編著】
〈責任編集〉
　宮川　暁世（日本政策投資銀行　産業調査部長　兼　地域調査部担当部長）

　酒井　武知（日本政策投資銀行　地域調査部次長）
　早川　琢雄（日本政策投資銀行　産業調査部調査役　兼　地域調査部調査役）
　入澤　浩一（日本政策投資銀行　地域調査部調査役）
　重白　光輝（前　日本政策投資銀行　地域調査部副調査役）
　木原　彩夏（前　日本政策投資銀行　地域調査部副調査役）
　赤津　光優（日本政策投資銀行　地域調査部副調査役）
　望月　美穂（日本経済研究所　執行役員　公共デザイン本部副本部長）
　新川　隼平（日本経済研究所　公共デザイン本部　インフラ部副主任研究員）
　加藤　守（合同会社加藤守　代表社員）

〔著者〕
株式会社日本政策投資銀行
　「金融力で未来をデザインします」を企業理念に掲げ、中立的かつ長期的視点にたち、投融資一体型のシームレスな金融サービスを提供している。また、地域課題解決や地域活性化・地域創生へ向けて、国や地方公共団体、民間事業者、地域金融機関などと連携・協働しつつ、各種調査・情報発信・提言やプロジェクトメイキング支援などに幅広く取り組んでいる。

株式会社日本経済研究所
　日本政策投資銀行グループの一員として、上下水道事業やスポーツ施設分野でのPPP/PFIなどの官民連携、空港やガス事業などのインフラ民営化、公共施設マネジメントなどの分野に関する調査・コンサルティングを幅広く実施し、地方公共団体や地域企業への取り組みにも力を注いでいる。

DBJ BOOKs　日本政策投資銀行 Business Research
持続可能な水道経営を考える
課題解決に向けた海外事例からの処方箋

2025年1月7日　第1刷発行

監修 ──────── 高澤利康
編著 ──────── 日本政策投資銀行
　　　　　　　　日本経済研究所
発行 ──────── ダイヤモンド・ビジネス企画
　　　　　　　〒150-0002
　　　　　　　東京都渋谷区渋谷1丁目6-10 渋谷Qビル3階
　　　　　　　http://www.diamond-biz.co.jp/
　　　　　　　電話 03-6743-0665（代表）

発売 ──────── ダイヤモンド社
　　　　　　　〒150-8409　東京都渋谷区神宮前6-12-17
　　　　　　　http://www.diamond.co.jp/
　　　　　　　電話 03-5778-7240（販売）

編集制作 ──── 岡田晴彦
装丁 ──────── いとうくにえ
DTP ──────── 齋藤恭弘
印刷・製本 ── シナノパブリッシングプレス

Ⓒ 2025 Development Bank of Japan Inc.
ISBN 978-4-478-08513-4
落丁・乱丁本はお手数ですが小社営業局宛にお送りください。送料小社負担にてお取替えいたします。但し、古書店で購入されたものについてはお取替えできません。
無断転載・複製を禁ず
Printed in Japan